VERSTÄNDLICHE WISSENSCHAFT

EINUNDSIEBZIGSTER BAND

BERLIN · GÖTTINGEN · HEIDELBERG
SPRINGER-VERLAG

BAUSTEINE DER KÖRPERWELT UND DER STRAHLUNG

VON

EDUARD RÜCHARDT

O. Ö. PROFESSOR FÜR PHYSIK AN DER UNIVERSITÄT MÜNCHEN

1.—6. TAUSEND

MIT 87 ABBILDUNGEN

BERLIN · GÖTTINGEN · HEIDELBERG

SPRINGER-VERLAG

Herausgeber der Naturwissenschaftlichen Abteilung:
Professor Dr. Karl von Frisch, München

ISBN-13: 978-3-642-85726-3   e-ISBN-13: 978-3-642-85725-6
DOI: 10.1007/ 978-3-642-85725-6

Brühlsche Universitätsdruckerei Gießen

Vorwort

„Überhaupt", sagte Karl, „scheint mir, daß jedes Phänomen sowie jedes Faktum an sich eigentlich das Interessante sei. Wer es erklärt, oder mit anderen Begebenheiten zusammenhängt, macht sich gewöhnlich eigentlich nur einen Spaß und hat uns zum besten, wie z. B. der Naturforscher und Historienschreiber."

Goethe (Unterhaltung deutscher Ausgewanderter)

Es ist schon zweimal in dieser Sammlung ein Bändchen über Atom- und Quantenphysik erschienen. Die Verfasser waren TH. WULF und L. HOPF. Beide Darstellungen waren ausgezeichnet. Bei der raschen Entwicklung des Gebietes sind sie heute z. T. veraltet, z. T. ergänzungsbedürftig. Die Verfasser sind nicht mehr am Leben. Die Umarbeitung eines der originellen Bändchen von anderer Hand wäre ein allzu gewaltsamer Eingriff in ein einheitliches Werk gewesen. Als der Herr Herausgeber an mich wiederholt mit der Aufforderung herantrat, ein ganz neues Bändchen zu schreiben, habe ich lange gezögert, weil ich mir der mannigfachen Schwierigkeiten bewußt war. Ein Verständnis dieses letzten Kapitels der zeitgenössischen Physik setzt eine Vertrautheit mit den gesamten älteren Teilen der Physik voraus. Außerdem sind diesem Fragenkomplex nicht ganz leicht zu fassende Züge eigentümlich, die mit der Anschaulichkeit in Konflikt kommen. Dadurch wird der „gleichnishafte" Charakter der zur Beschreibung herangezogenen Bilder offenbar, und es erweist sich, daß es nur einem abstrakten, mathematischen Formalismus möglich ist, den Inhalt unserer Erkenntnis richtig zum Ausdruck zu bringen.

Es ergibt sich also die Aufgabe, unter Einführung der erforderlichen Ergebnisse der klassischen Physik, mit weiser Beschränkung sowohl hinsichtlich der Stoffauswahl, wie hinsichtlich der Tiefe der Darstellung ein verständliches und doch wesentlich richtiges Bild eines Teiles der modernen Physik zu gestalten. Eine beachtliche Schwierigkeit lag darin, daß in den letzten Jahren der Umfang des ganzen Gebietes so angewachsen ist,

V

daß es ausgeschlossen erscheint, selbst bei größter Beschränkung
des Stoffes und Knappheit der Darstellung, mit einem schmalen
Bändchen auszukommen. Es erwies sich deshalb als geboten,
die Darstellung der Kernphysik und Kerntechnik berufeneren
Händen in einem Sonderband zu überlassen. Die letzten,
schwierigsten Abschnitte dieses Buches, welche im wesentlichen
die spektroskopischen Erfahrungen im Zusammenhang mit dem
Atombau enthalten, übernahm mein lieber Kollege Dr. OTTO
BUHL zu schreiben, da er aus Vorlesungen auf diesem Gebiet
pädagogisch erfahrener war als ich. Bei seinem unerwarteten Tod
lag dieser Teil des Manuskriptes erst im Rohguß vor. Dr. FRIED-
RICH FRAUNBERGER übernahm dann die nochmalige gründliche
Überarbeitung des Abschnittes, wobei viele seiner eigenen Gedanken in die Darstellung Eingang gefunden haben. In gemein-
samer Arbeit haben wir die Teile zusammengefügt und versucht,
ein befriedigendes Ganzes zu gestalten.

München, im September 1958   E. RÜCHARDT

Inhaltsverzeichnis

VIII

I. Ursprung der Atomhypothese

Griechische Naturphilosophen kamen etwa ein halbes Jahrtausend vor Christi Geburt auf den Gedanken, das Verhalten der Körperwelt durch die Annahme zu erklären, daß die Materie aus nicht weiter teilbaren kleinen harten, in dauernder Bewegung befindlichen Körperchen aufgebaut sei, die sie Atome[1] nannten. Es lag dem wohl die Idee zugrunde, daß die Welt aus einer einheitlichen Grundsubstanz erklärt werden müsse. Doch nahmen sie schon verschiedene Arten von Atomen an, Atome des Feuers, der Luft, der Erde usw., die sich durch die Gestalt unterscheiden sollten. Die Atome sollten ferner unveränderlich und ewig, d. h. zeitlich persistent sein. LEUKIPP (um 500 v. Chr.), DEMOKRIT (geb. 470 v. Chr.), später EPIKUR (geb. 341 v. Chr.) waren die Hauptvertreter der Atomlehre. Die Atomhypothese stammt also aus der Naturphilosophie, und DEMOKRIT zog zu ihrer Begründung nicht die Erfahrung heran. Es war eine reine Spekulation. Zweifellos hat bei der Aufstellung der Atomhypothese auch die Schwierigkeit mitgespielt, die in der Vorstellung einer unbegrenzten, kontinuierlichen Teilbarkeit liegt. Auch für das moderne Denken liegt im Begriff des Kontinuums mancherlei Problematik.

Es ist sehr merkwürdig, daß die Naturwissenschaft zwangsläufig durch Beobachtung und Experiment ebenfalls zu einem Atomismus gekommen ist. Denn die Fragestellung der Naturwissenschaft ist eine andere als die der Naturphilosophie. Sie fragt nicht nach dem wahren Wesen der Dinge, sondern will das Verhalten der *Sinneswelt*, so wie sie sich unserer Beobachtung darbietet, in möglichst einfacher und widerspruchsfreier Weise quantitativ beschreiben. Naturbeobachtung und Experiment haben die Physiker mit so zwingender Konsequenz zu dem Begriff der Atome geführt, daß wir heute ungefähr mit gleichem Recht von Atomen als realen Gegebenheiten sprechen, mit dem wir

---

[1] $\tau\grave{o}\ \mathring{a}\tau o\mu o\nu$ = das Unteilbare.

behaupten, daß der Mond eine steinerne Kugel sei. Allerdings hat die spätere Forschung ergeben, daß die Atome der Chemie und Physik, von denen es rund 100 Arten gibt, wenn man die verschiedenen Sorten einer Art, die sogenannten Isotopen, nicht mitberücksichtigt, keine wahren Elementarteilchen sind. Sie sind nicht persistent, erweisen sich vielmehr als zerstörbar und aufgebaut aus kleineren Elementarbestandteilen. Diese Elementarteilchen sind eher mit den Atomen des Altertums zu vergleichen. Aber auch sie sind, wie sich ergeben hat, nicht unveränderlich, sondern ineinander umwandelbar.

Wo liegen nun die Anfänge der naturwissenschaftlichen Atomvorstellung? Trotz mancher atomistischer Ansätze, bes. hinsichtlich der Natur der Wärme und des chemischen Verhaltens der Stoffe, die man schon bei GALILEO GALILEI (1564—1642), P. GASSENDI (1592—1655) und R. BOYLE (1627—1691) findet, wird doch meist J. DALTON (1766—1844) als Begründer des naturwissenschaftlichen Atomismus genannt.

J. L. PROUST (1754—1826) hatte die Gültigkeit des Gesetzes der konstanten Proportionen in der Chemie ausgesprochen, nach dem das Gewichtsverhältnis zweier sich zu einer Verbindung vereinigenden Elemente konstant ist. DALTON fand 1808 das Gesetz von den multiplen Proportionen. Es besagt, daß die Gewichtsverhältnisse zweier Elemente, die sich zu verschiedenen Verbindungen vereinigen können, im Verhältnis einfacher ganzer Zahlen zueinander stehen. Es gibt z. B. zwei verschiedene Verbindungen von Sauerstoff (O) und Kohlenstoff (C), die Kohlensäure und das Kohlenoxyd. In der ersteren verhält sich die Masse des Kohlenstoffes zu der des Sauerstoffs wie 3:8, in der letzteren wie 3:4. DALTON erklärte das durch die Annahme, daß jedes Element aus unter sich gleichen Atomen bestünde und diese sich mit den Atomen eines anderen Elementes zu Molekülen einer chemischen Verbindung vereinigen. Verschiedene Verbindungen aus den gleichen Elementen können dann dadurch entstehen, daß eine verschieden große Zahl der Atome des einen oder anderen Elementes bei der Molekülbildung beteiligt ist. Eine Eindeutigkeit hinsichtlich der relativen Massen der Atome, der sog. Atomgewichte, war aber dadurch nicht zu erzielen, weil nicht bekannt war, in welchem Zahlenverhältnis die Atome sich jeweils zu

Molekülen vereinigten. Eindeutige chemische Formeln für die Verbindungen ergaben sich also nicht.

Nahm man z. B. das Verhältnis der Atomgewichte von Kohlenstoff zu Sauerstoff gleich $3:8$ an, so erhielt man für Kohlensäure die Formel CO und für Kohlenoxyd C_2O. Nahm man für das Atomgewichtsverhältnis $3:4$ an, so erhielt man die Formeln CO_2 und CO. Die chemische Erfahrung reicht zur richtigen Entscheidung nicht aus.

Erst die Aufstellung einer physikalischen Hypothese von A. AVOGADRO (1776—1856) erlaubte, die richtigen Zuordnungen zu treffen. Der Satz von AVOGADRO lautet: Bei gleichem Druck und gleicher Temperatur verhalten sich die Dichten aller Gase wie ihre Molekulargewichte oder, was dasselbe aussagt, bei gleichem Druck und bei gleicher Temperatur sind im gleichen Volumen aller Gase gleichviele Moleküle enthalten. Dadurch war die Bestimmung von Molekular- und Atomgewichten bei Gasen und Dämpfen auf die Bestimmung von Dampf- bzw. Gasdichten zurückgeführt. Die Anzahl der Gramme eines Stoffes, die gleich ist seinem Molekulargewicht, nennt man ein Mol, also z. B. 32 g Sauerstoff, 28 g Stickstoff, 2,016 g Wasserstoff[1]. Die Anzahl L der Moleküle im Mol ist natürlich für alle Stoffe gleich groß. Man nennt diese Zahl nach dem österreichischen Physiker J. LOSCHMIDT (1821—1895) *Loschmidtsche Zahl*. Sie ist für jeden Stoff offenbar gleich dem Verhältnis der Molmasse zur wahren Molekülmasse. Wenn man die Loschmidtsche Zahl kennt, so ist die wahre Masse aller Moleküle bekannt. Das Volumen eines Mols oder kurz Molvolumen V_{Mol} eines gasförmigen Stoffes ist nach dem Satz von AVOGADRO für alle Stoffe gleich groß. Bei $0°$ Celsius und Normalbarometerdruck (760 mm Quecksilberhöhe) beträgt es 22421 cm^3.

Der Avogadrosche Satz kann durch die Gesamtheit aller chemischen Erfahrungen als gesichert gelten, doch kann er auch rein physikalisch begründet werden. Als in der organischen Chemie Verbindungen gefunden wurden, die gleiche Elemente in gleichen Mengenverhältnissen enthielten, die sich aber dennoch in ihren Eigenschaften unterschieden, sog. Isomere, bewährte sich die Atomhypothese wiederum, indem sie die Isomerie durch ver-

---

[1] Die Moleküle des Sauerstoffs, Stickstoffs, Wasserstoffs sind zweiatomig, dagegen z. B. die der Edelgase einatomig.

schiedene Anordnung der Atome im Molekül deuten konnte. Trotzdem wurde von manchen Forschern die Realität der Atome bis in die letzten Jahre des vorigen Jahrhunderts nicht als hinlänglich gesichert angesehen. Der physikalischen Forschung ist es erst in unserm Jahrhundert gelungen, dem Atomismus zum Siege zu verhelfen und in ihrer neueren Entwicklung durch erstaunliche Entdeckungen noch viel tiefere Einsichten in das Wesen der Materie zu gewinnen.

Anschließend bringen wir eine Tabelle, in der die heute bekannten Atomarten zusammengefaßt sind. Es ist das berühmte *Periodensystem der Elemente* (Tab. 1), das unabhängig von D. MENDELEJEW (1834—1907) und L. MEYER (1830—1895) aufgestellt wurde. Die Elemente sind darin horizontal im allgemeinen nach steigendem Atomgewicht angeordnet. Periodisch wiederkehrende Elemente mit ähnlichen chemischen Eigenschaften bilden senkrechte Kolonnen. Eine derartige Anordnung verrät eine innere Verwandtschaft der Atomarten. Die Existenz damals noch unbekannter Elemente[1] konnte aus der Tabelle vorhergesagt werden und ihre Eigenschaften konnten durch Interpolation ziemlich genau angegeben werden. Wir werden noch öfters auf diese Tabelle eingehen.

II. Etwas über die Größe der Moleküle und Atome

Die Frage nach der Größe der Moleküle und Atome ist etwas problematisch. Sie kommt im wesentlichen auf die Frage hinaus, wie nahe 2 Atome sich kommen müssen, um einander merklich zu beeinflussen. Trotzdem wurde die Erforschung der Größe der Atome von den Physikern schon ziemlich früh mit recht primitiven Vorstellungen und Methoden erfolgreich in Angriff genommen. Als sehr anschaulich kann ein Weg gelten, der gleichzeitig und unabhängig von zwei bedeutenden Forschern, W. C. RÖNTGEN (1845—1923) in Deutschland und Lord RAYLEIGH (1842—1919) in England 1890 beschritten wurde. Sie gingen aus von der

---

[1] Im Altertum waren nur 9 chemische Elemente bekannt, nämlich Eisen, Kupfer, Quecksilber, Silber, Gold, Blei, Zinn, Kohlenstoff und Schwefel. Zur Zeit der Aufstellung des Periodensystems kannte man schon 63 Elemente.

4

Tabelle 1. *Das Periodensystem der Elemente. (Chemische Atomgewichtsskala)*

	Ia Ib	IIa IIb	IIIa IIIb	IVa IVb	Va Vb	VIa VIb	VIIa VIIb	VIIIa VIIIb
1	1 H 1,0080							2 He 4,003
2	3 Li 6,940	4 Be 9,013	5 B 10,82	6 C 12,010	7 N 14,008	8 O 16,000	9 F 19,00	10 Ne 20,183
3	11 Na 22,997	12 Mg 24,32	13 A*l* 26,97	14 Si 28,06	15 P 30,98	16 S 32,066	17 Cl 35,457	18 A 39,944
4	19 K 39,096 29 *Cu* 63,54	20 Ca 40,08 30 *Zn* 65,38	21 *Sc* 45,10 31 Ga 69,72	22 *Ti* 47,90 32 Ge 72,60	23 *V* 50,95 33 As 74,91	24 *Cr* 52,01 34 Se 78,96	25 *Mn* 54,93 35 Br 79,916	26 *Fe* 27 *Co* 28 *Ni* 55,85 58,94 58,69 36 Kr 83,7
5	37 Rb 85,48 47 *Ag* 107,880	38 Sr 87,63 48 *Cd* 112,41	39 *Y* 88,92 49 In 114,76	40 *Zr* 91,22 50 Sn 118,70	41 *Nb* 92,91 51 Sb 121,76	42 *Mo* 95,95 52 Te 127,61	43 *Tc* [99] 53 J 126,92	44 *Ru* 45 *Rh* 46 *Pd* 101,7 102,91 106,7 54 X 131,3
6	55 Cs 132,91 79 *Au* 197,2	56 Ba 137,36 80 *Hg* 200,61	57 *La* 138,92 81 Tl 204,39	58—71 72 *Hf* s. u. 178,6 82 Pb 207,21	73 *Ta* 180,88 83 Bi 209,00	74 *W* 183,92 84 Po 210	75 *Re* 186,31 85 At [210]	76 *Os* 77 *Ir* 78 *Pt* 190,2 193,1 195,23 86 Em 222
7	87 Fr [223]	88 Ra 226,05	89 *Ac* [227]	90—103 s. u.				

Lanthaniden. (Seltene Erden)

58 *Ce*	59 *Pr*	60 *Nd*	61 *Pm*	62 *Sm*	63 *Eu*	64 *Gd*	65 *Tb*	66 *Dy*	67 *Ho*	68 *Er*	69 *Tu*	70 *Yb*	71 *Lu*
140,13	140,92	144,27	[147]	150,43	152,0	156,9	159,2	162,46	164,94	167,2	169,4	173,04	174,99

Actiniden

90 *Th*	91 *Pa*	92 *U*	93 *Np*	94 *Pu*	95 *Am*	96 *Cm*	97 *Bk*	98 *Cf*	99 *(Ei)*	100 *H(Fm)*	101 *(Md)*	102—	103—
232,12	231	238,07	—	—	—	—	—	—	—	—	—	—	—

Beobachtung, daß pflanzliche oder tierische Öle sich als äußerst dünne, unsichtbare Häutchen auf reinem Wasser ausbreiten und sobald die ganze zur Verfügung stehende Oberfläche mit einer

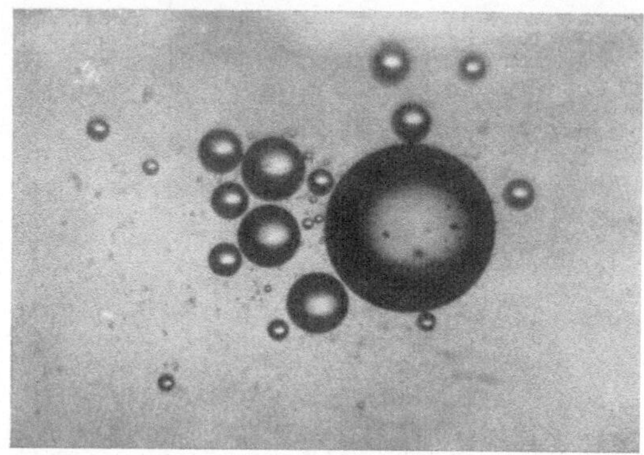

Abb. 1. Fettaugen auf einmolekularer Ölschicht auf Wasser (nach RÜCHARDT, Abh. u. Ber. des Deutschen Museums 1935)

solchen Schicht dicht bedeckt ist, der Ölüberschuß dickere Linsen oder Fettaugen auf der Schicht bildet, wie man sie auf jeder Suppe sehen kann (Abb. 1). Sie erfanden Methoden, um die Dicke dieser

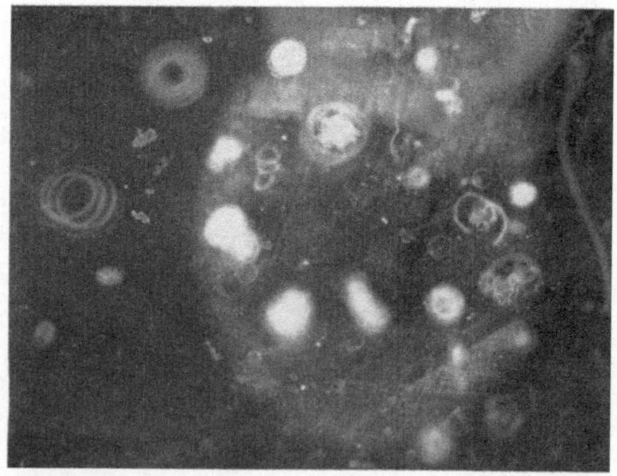

Abb. 2a. Kampfertanz auf Wasserfläche (nach RÜCHARDT, Abh. u. Ber. des Deutschen Museums 1935)

dünnsten Ölschichten zu messen. Wirft man kleine Kampfer-
stückchen auf eine reine Wasseroberfläche in einer Schale, so
führen sie einen lebhaften Tanz darauf aus (Abb. 2a). Sobald das

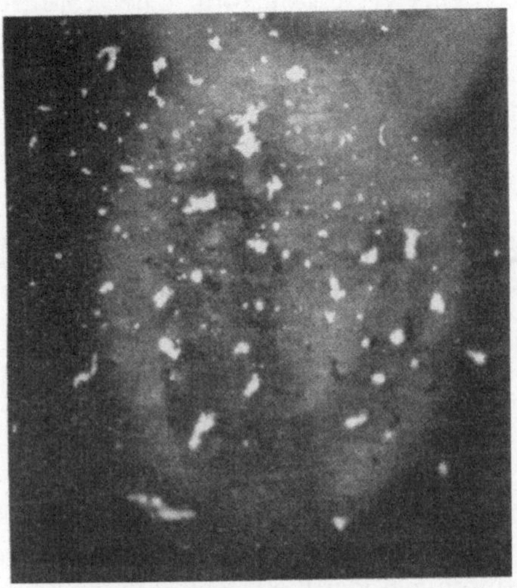

Abb. 2b. Dünne Ölschicht verhindert den Tanz (nach RÜCHARDT, Abh.
u. Ber. des Deutschen Museums 1935)

Wasser mit der dünnsten Ölschicht bedeckt ist, hört der Tanz auf
(Abb. 2b). Ist die Größe der Wasseroberfläche F und das auf-
gebrachte sehr kleine Ölvolumen V, so muß die Dicke der Schicht
$$x = \frac{V}{F} \text{ sein.}$$

RÖNTGEN und RAYLEIGH fanden für die von ihnen verwendeten
Öle eine Dicke der dünnsten Schicht von rund 16 hundertmillion-
stel cm, wofür man abgekürzt 16 Ångström-Einheiten sagt
($1\ \text{Å} = 10^{-8}\,\text{cm}$). Die mittlere Wellenlänge des sichtbaren Lichtes
beträgt rund 5 000 Å, ist also viel größer. Tierische und pflanzliche
Öle sind sog. Glyzerinester der organischen Fettsäuren. Die
Fettsäuren selbst sind einfachere Stoffe und zeigen die gleiche
Erscheinung. Dem Aufbau des Moleküls der Palmitinsäure nach
Angabe der Chemie zeigt Abb. 3 im Modell. Das Molekül be-
steht aus einer Kette von sechzehn Kohlenstoffatomen (C). An
jedem Kohlenstoffatom sitzen zwei Wasserstoffatome (H) und am

7

endständigen Kohlenstoffatom sitzt noch ein drittes Wasserstoffatom, gewissermaßen als Schwänzchen. Der Kopf aber sieht anders aus. Er besteht aus zwei Sauerstoffatomen (O) und an dem einen sitzt noch ein Wasserstoffatom. Die Kopfgruppe mitsamt dem zugehörigen Kohlenstoffatom wird als Karboxylgruppe bezeichnet. In Tab. 2 ist eine sog. homologe Reihe der einfachen Fettsäuren mit verschieden langen Ketten zusammengestellt.

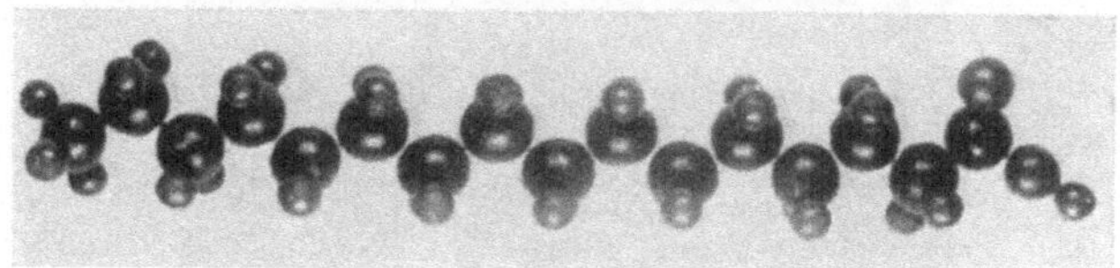

Abb. 3. Molekülmodell der Palmitinsäure (nach BRAGG)

Es gibt viele Verbindungen, die ähnlich aufgebaute Moleküle haben, höhere Alkohole, Seifen usw. Chemisch besonders träge Stoffe sind die Paraffine. Sie unterscheiden sich von den Fettsäuren nur dadurch, daß der Kopf fehlt und die beiden endständigen Kohlenstoffatome je drei Wasserstoffatome binden. Diese geringe chemische Wirksamkeit findet sich auch bei den Körpern der Fettsäuremoleküle, während die Karboxylgruppe, wie man sagt, „hydrophil" (wasserliebend) ist. So sind Ameisen- und Essigsäure wasserlöslich, weil bei ihnen die Karboxylgruppe einen großen Teil des Moleküls bildet. Bei den höheren Fettsäuren kommt nur diesem Köpfchen die Fähigkeit zu, sich im Wasser zu lösen, nicht aber dem paraffinartigen Körper. Bringt man nun eine kleine Menge solch eines Stoffes auf reines Wasser, so tauchen die Moleküle ihre Köpfchen in das Wasser, und es bildet sich schließlich eine einmolekulare dichte Schicht aus, bei der die langen Moleküle wie die Borsten einer Bürste auf der Wasseroberfläche ausgerichtet sind. Die Messung der Dicke der Schicht nach dem angegebenen einfachen Verfahren ergibt nun für Stearinsäure 21,5 Å, für Palmitinsäure die kleinere Länge von 19 Å. Das müssen also die Längen der Moleküle sein. Da diese Moleküle sich in der Länge um zwei Kettenglieder unterscheiden, findet man für die Länge eines Gliedes, d. h. für den Abstand zweier Kohlen-

Tabelle 2

Zahl der Kohlenstoff- atome	Name	Formel
1	Ameisensäure	$H-C\big\langle{}^{O}_{OH}$
2	Essigsäure	$H-\overset{H}{\underset{H}{C}}-C\big\langle{}^{O}_{OH}$
3	Propionsäure	$H-\overset{H}{\underset{H}{C}}-\overset{H}{\underset{H}{C}}-C\big\langle{}^{O}_{OH}$
4	Buttersäure	usw.
16	Palmitinsäure	$C_{15}-H_{31}-C\big\langle{}^{O}_{OH}$
17	Margarinsäure	$C_{16}-H_{33}-C\big\langle{}^{O}_{OH}$
18	Stearinsäure usw.	$C_{17}-H_{35}-C\big\langle{}^{O}_{OH}$

stoffatome oder, was etwa das gleiche bedeutet, für den Durchmesser eines Kohlenstoffatoms, rund 1,3 Å-Einheiten. Mit der Länge der aufgebrachten Moleküle steigt die Dicke ganz regelmäßig an. Das hier angedeutete Verfahren ist in mehrfacher Hinsicht verbessert worden und hat wichtige Ergebnisse gezeitigt. Da die ermittelten Längen sehr viel kleiner sind als die Lichtwellenlängen des sichtbaren Lichtes, kann man selbst so große Moleküle mit den besten Mikroskopen nicht sehen. Es ist überraschend, daß es auf so einfache Weise gelingt, nicht nur ihre Größe, sondern auch die der Atome zu finden. Solche orientierte Ölschichten erweisen sich als vorzügliche Schmiermittel für Automobile und

andere Maschinen. Sie bilden sich nämlich auch auf Metallober-
flächen aus und besitzen dank ihrer Druckfestigkeit und Schmier-
fähigkeit für die Technik eine große Bedeutung.

III. Molekulartheorie der Gase

1. Erfahrungstatsachen

Um das Jahr 1850 war die von J. R. MAYER (1814—1878) und
von H. VON HELMHOLTZ (1821—1894) vertretene Auffassung, daß
die Wärme kein Stoff sei, sondern eine Form der Energie, von den
maßgebenden Physikern anerkannt. Mechanische Arbeit ließ sich
in Wärme und umgekehrt Wärme in Arbeit umwandeln, wobei
dem gleichen Aufwand von Arbeit immer die gleiche erzeugte
Wärme entsprach, unabhängig vom Wege, auf dem diese Umwandlung erfolgte. J. P. JOULE (1818—1889) setzte ein Schaufel-
rad in Wasser durch ein herabsinkendes Gewicht in Bewegung
und bestimmte die vom Gewicht geleistete Arbeit und im Wasser
durch Reibung erzeugte Wärme. Es ergibt sich, daß einer beim
Sinken des Gewichtes geleisteten Arbeit von 427 Meterkilopond[1]
eine erzeugte Wärme von einer Kilokalorie entspricht, das ist die
Wärme, die ein Kilogramm Wasser um 1 Grad Celsius erwärmt.
In anderen Einheiten kann man auch sagen, daß die Arbeit
$4,185 \cdot 10^7$ erg oder 4,185 Wattsekunden einer kleinen Kalorie
(ein Tausendstel Kilokalorie) äquivalent ist. Dies ist das mechanische Wärmeäquivalent. Es lag deshalb nahe, anzunehmen, daß
die Energie der Molekularbewegung das ist, was wir als Wärme
bezeichnen. L. J. GAY-LUSSAC (1778—1850) hatte ferner schon
1807 und nochmals JOULE 1845 gezeigt, daß die Temperatur der
Luft sich nicht merklich ändert, wenn diese, die sich in einem
Gefäß A befinden möge, durch die Öffnung eines Hahnes plötzlich etwa mit einem gleich großen luftleeren Gefäß B in Verbindung gebracht wird, so daß sich also ihr Volumen verdoppelt
(Abb. 4). Daraus folgt, daß der Energieinhalt einer bestimmten
Gasmenge vom Volumen nicht merklich abhängt. Wenn bei
diesem Vorgang Wärme verschwände, müßte die Temperatur

---

[1] 1 Meterkilopond ist die Arbeit, die man aufwenden muß, um 1 kg
auf der Erde 1 m hoch zu heben.

abnehmen. Wenn zwischen den Molekülen der Luft merkliche Anziehungskräfte wirksam wären, müßten die Moleküle, die bei der Gasausdehnung ihre gegenseitigen Abstände vergrößern, Arbeit gegen diese Kräfte leisten und die dazu nötige Energie dem Wärmeinhalt des Gases entziehen. Die Luft müßte sich also in der Tat abkühlen. Wenn auch spätere verfeinerte Versuche von W. Thomson (1824—1907) unter

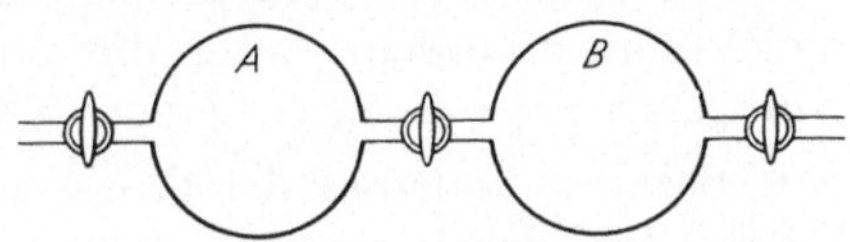

Abb. 4. Zum Versuch von Gay-Lussac

besonderen Bedingungen einen derartigen kleinen Effekt ergaben, der sogar von Linde (1895) zu einem Verfahren der Luftverflüssigung verwendet wurde, können wir doch schließen, daß die Molekularkräfte im Gaszustand bei gewöhnlichem Druck und Temperatur jedenfalls nur sehr geringfügig sind. Sie machen sich erst deutlich bemerkbar, wenn der Gasdruck sehr groß ist und deshalb die Moleküle nahe beieinander sind. Da die Dichte, d. h. die Masse pro Volumeneinheit der flüssigen Luft, etwa das 630fache der gasförmigen bei 0° und Normalbarometerdruck beträgt, müssen im gleichen Volumen der Flüssigkeit 630mal soviele Moleküle enthalten sein, wie in der gasförmigen Luft. Da Flüssigkeiten nur sehr wenig zusammendrückbar sind, müssen sich die Moleküle in ihr fast berühren. Die Abstände der Molekülmitten müssen also

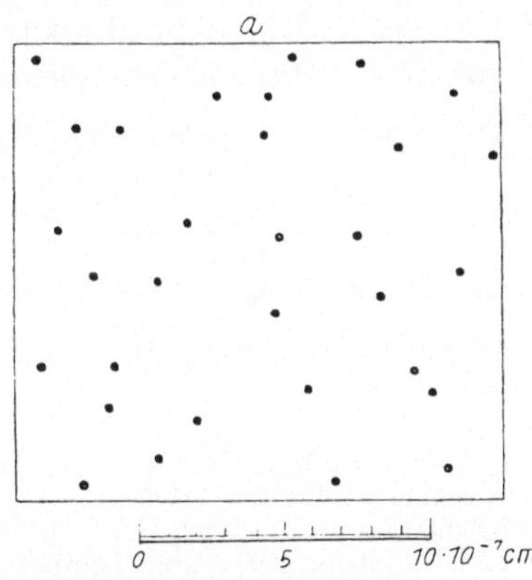

Abb. 5. Relative Abstände und Größen der Moleküle in einem Gas

angenähert gleich den Moleculardurchmessern sein. Daraus folgt, daß die Abstände der Moleküle in der gasförmigen Luft bei 1 Atmosphäre Druck im Mittel 8,5 mal so groß sind wie die Moleculardurchmesser. So einfach läßt sich dieses Resultat gewinnen (Abb. 5). Bei diesen großen Abständen sind die Kräfte zwischen den Molekülen offenbar zu vernachlässigen.

Das physikalische Verhalten der Gase war auf Grund von Experimenten bekannt. Es hatte sich folgendes ergeben:

1. Bei Änderung des Gasdruckes bleibt das Produkt aus Druck und Volumen konstant, wenn die Temperatur konstant gehalten wird [Gesetz von R. BOYLE (1627—1691)].

2. Bei einer Änderung der Temperatur ändert sich das Volumen bei konstant gehaltenem Druck für alle Gase in gleicher Weise, und zwar proportional der sog. „absoluten" Temperatur. Unter absoluter Temperatur (T) versteht man die Temperatur in Celsius-Graden, jedoch gemessen vom sogenannten absoluten Nullpunkt —273° Celsius aus. (0° Celsius ist also z. B. 273° absolut und 100° Celsius 373° absolut.) [Gesetz von GAY-LUSSAC.]

Die Zusammenfassung liefert die sogenannte Zustandsgleichung idealer Gase.

$$p\,V_{Mol} = RT$$

p ist der Druck, T die absolute Temperatur, V_{Mol} das Molvolumen, R eine für alle Gase gleiche Konstante, die universelle Gaskonstante. Sie hat den Wert $R = 8,31 \cdot 10^7 \dfrac{\text{erg}}{\text{Grad}}$

Die Zustandsgleichung idealer Gase ergibt sich folgendermaßen: Nach dem Gesetz von BOYLE ist $p \cdot V = \text{const}$, nach dem Gesetz von GAY-LUSSAC ist $\dfrac{V}{T} = \text{const}$. Wird Druck und Temperatur gleichzeitig verändert, so muß gelten:

$$p\,\frac{V}{T} = \text{const.}$$

Damit die Konstante für alle Gase den gleichen Wert habe, den wir R nennen, muß die verwendete Gasmasse jeweils 1 Mol betragen. Dann ist das Volumen gleich dem Molvolumen V_{Mol}, das für alle Gase die gleiche Größe hat, wenn Temperatur und Druck gleich sind. Daraus folgt:

$$p \cdot V_{Mol} = RT$$

Bei 0° Celsius (273 absolut) und 76 cm Quecksilberdruck war $V_{Mol} = 22\,400 \text{ cm}^3$. Die Kraft pro cm² oder der Druck, den eine Quecksilbersäule von 76 cm Höhe durch ihr Gewicht ausübt, ist dann rund $1,02 \cdot 10^6 \dfrac{\text{Dyn}}{\text{cm}^2}$, das ist der Normalbarometerdruck. Daraus folgt:

$$R = \frac{1,02 \cdot 10^6 \cdot 22\,400}{273} = 8,31 \cdot 10^7 \frac{\text{erg}}{\text{Grad}}$$

wie oben angegeben, oder mittels des mechanischen Wärmeäquivalentes:

$$R = 1{,}98 \, \frac{\text{cal}}{\text{Grad}}.$$

2. Erklärung der Gasgesetze
auf Grund molekularer Vorstellungen

A. K. Krönig (1822—1879) und vor allem R. J. E. Clausius (1822—1888) machten den ersten Versuch, die Zustandsgleichung idealer Gase aus einfachen molekularen Vorstellungen zu verstehen. Sie nahmen an, daß man die Moleküle als vollkommen elastische Kügelchen betrachten könne, die sich in fortwährender Bewegung befinden. Es ist lehrreich und wird stets erstaunlich bleiben, daß schon so einfache Bilder es ermöglichen, nicht nur die gestellte Aufgabe zu lösen, sondern auch Größen, die der direkten Beobachtung unzugänglich sind, wie Geschwindigkeit, Größe und Masse der Moleküle dadurch der Messung zugänglich zu machen, daß man sie durch beobachtbare makroskopische Größen ausdrückt, wie Dichte, Druck, Temperatur, innere Reibung usw.

Wenn in einem Volumen V sich N Moleküle eines Gases befinden, deren Masse m und deren Geschwindigkeit v ist, so kann man den Druck, d. h. die Kraft, die auf den Quadratzentimeter der Wand durch die elastischen Stöße der Moleküle ausgeübt wird, nach einfachen mechanischen Gesetzen berechnen. Wir machen uns das folgendermaßen plausibel: Der Druck wird um so größer sein je größer die Masse und Geschwindigkeit ist und je mehr Moleküle in der Zeiteinheit stoßen. Die Zahl der Stöße in der Sekunde ist aber proportional der Zahl der Moleküle im Kubikzentimeter $n = \dfrac{N}{V}$ und wieder der Geschwindigkeit. Diese geht also zweimal als Faktor ein. So ergibt sich der Gasdruck:

$$p = \frac{1}{3} \frac{N}{V} m \, \overline{v^2} = \frac{1}{3} n \, m \, \overline{v^2}$$

Der Faktor $^1/_3$ folgt daraus, daß im Mittel nur der dritte Teil der Moleküle in einer der Raumrichtungen fliegt. Der horizontale Strich über v^2 bedeutet, daß wir mit einem Mittelwert der Geschwindigkeit rechnen müssen, weil in Wirklichkeit die Moleküle verschiedene Geschwindigkeiten besitzen.

$\dfrac{m}{2} \cdot \overline{v^2}$ ist die mittlere Bewegungsenergie eines Moleküls. Wenn zwei Körper, die man in Berührung bringt, keine Wärmeenergie austauschen, sagt man, daß sie gleiche Temperatur besitzen. Man kann zeigen, daß Wärmegleichgewicht zwischen zwei verschiedenen Gasen herrscht, wenn ihre Moleküle die gleiche mittlere kinetische Energie besitzen. Daraus folgt, daß die mittlere kinetische Energie nur von der Temperatur des Gases abhängt und deshalb für alle Moleküle bei gleicher Temperatur gleich groß ist. Bei Molekülen großer Masse ist die Geschwindigkeit klein und umgekehrt. Aus der obigen Gleichung folgt dann, daß immer, wenn Temperatur, Volumen und Druck gleich groß sind, auch die Zahl der Moleküle N gleich groß sein muß. Das ist aber der Satz von Avogadro. $n \cdot m$ ist die ganze Masse eines Kubikzentimeters, also die meßbare Dichte D des Gases. So erhält man:

$$p = \frac{1}{3} D \,\overline{v^2}$$

Die Geschwindigkeit der Moleküle ist damit auf zwei meßbare Größen, Druck und Dichte, zurückgeführt und man kann sie berechnen. Das Ergebnis ist:

$$\sqrt{\overline{v^2}} = \sqrt{\frac{3p}{D}}$$

Für Luft bei Normalbarometerdruck und $0°$ Celsius findet man für diesen Mittelwert der Geschwindigkeit: 490 m/sec. Luft ist 14,5 mal so dicht wie Wasserstoff. Für die Geschwindigkeit der Wasserstoffmoleküle ergibt sich daher ein größerer Wert, nämlich 1 840 m/sec. Das sind sehr große Geschwindigkeiten, wie sie Geschosse besitzen, und man wird vielleicht geneigt sein, die Richtigkeit des Ergebnisses zu bezweifeln. Wir werden bald sehen, wie man sie experimentell nachprüfen kann.

Betrachten wir gerade ein Mol eines Gases, so ist V_{Mol} das Molvolumen und N die Loschmidtsche Zahl L.

Es folgt daraus die Zustandsgleichung der Gase $p\,V_{Mol} = \dfrac{Lm\overline{v^2}}{3}$, und dies muß nach Seite 12 auch gleich $R \cdot T$ sein. Man erhält daraus für die kinetische Energie irgendeines Moleküls bei der absoluten Temperatur T:

$$\frac{m}{2}\overline{v^2} = \frac{3}{2}\frac{R}{L} T = \frac{3}{2} kT$$

Den Quotienten aus der Gaskonstante und der Loschmidtschen Zahl bezeichnet man mit dem Buchstaben $k = \dfrac{R}{L}$. Das ist die Gaskonstante pro Molekül. Man nennt sie auch Boltzmannsche Konstante[1]. Sie ist uns zunächst unbekannt, weil wir die Loschmidtsche Zahl nicht kennen.

Aus dem in Kleindruck Gesagten ist zu ersehen, daß die mittlere Translationsenergie eines Moleküls der absoluten Temperatur proportional ist und gar nicht von der Art des Moleküls abhängt. Die gesamte kinetische Energie aller Moleküle eines Mols können wir jetzt schon angeben. Sie ist: $\dfrac{M}{2}\,\overline{v^2} = \dfrac{3}{2}\,R\,T$ wenn M das Molgewicht ist. Bei 0° Celsius ist dieser Betrag gleich $34 \cdot 10^9$ erg. Das ist gleich der Arbeit, die man aufwenden muß, um 1 kg rund 350 m hoch zu heben.

3. Maxwellsche Geschwindigkeitsverteilung

Wir haben bisher nur über einen Mittelwert der Geschwindigkeiten der Moleküle etwas aussagen können. Es ist leicht einzusehen, daß die Moleküle eines Gases, auch wenn sie in einem bestimmten Augenblick alle der Größe nach gleiche Geschwindigkeiten hätten, diese infolge der Zusammenstöße untereinander nicht beibehalten könnten. Zwei Moleküle gleicher Masse, die gleich große Geschwindigkeiten haben und deren Bewegungsrichtung z. B. senkrecht aufeinanderstehen (Abb. 6), mögen einen elastischen Zusammenstoß erleiden. Das Molekül 1 verliert dann nach den Gesetzen des elastischen Stoßes seine ganze Geschwindigkeit und überträgt sie auf das Molekül 2. Nach dem Stoß hat das Molekül 2 gleichzeitig zwei gleich große Geschwindigkeiten, eine nach rechts und eine nach oben.

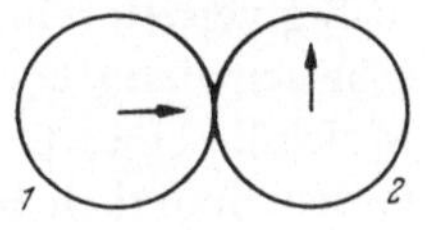

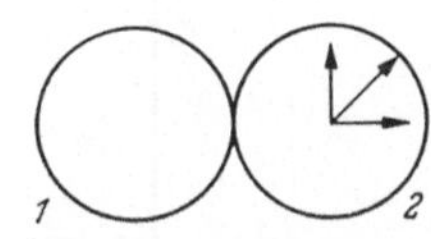

Abb. 6. Elastischer Zusammenstoß zweier Moleküle von gleicher Masse mit gleichen Geschwindigkeiten, die senkrecht aufeinanderstehen

Diese setzen sich nach dem Parallelogramm der Geschwindigkeiten zusammen, und das Molekül 2 fliegt mit einer Geschwindigkeit, die 1,44 mal so groß ist wie die ursprüngliche unter 45°

---

[1] Nach L. Boltzmann (1844—1906), obwohl er sie nicht eigentlich eingeführt hat.

gegen die Anfangsrichtung fort. Infolge der zahllosen Zusammenstöße, die in allen möglichen Richtungen dauernd erfolgen, wird sich bald eine bestimmte Geschwindigkeitsverteilung auf die Moleküle ergeben, die man gerne ermitteln möchte. Zwar werden die einzelnen Moleküle fortfahren, ihre Geschwindigkeiten bei Zusammenstößen zu ändern, aber die Zahl derjenigen Moleküle, deren Geschwindigkeit jeweils innerhalb eines bestimmten kleinen Geschwindigkeitsbereiches liegt, bleibt dann bis auf kleine Schwankungen erhalten. Die Richtung der Bewegung aller

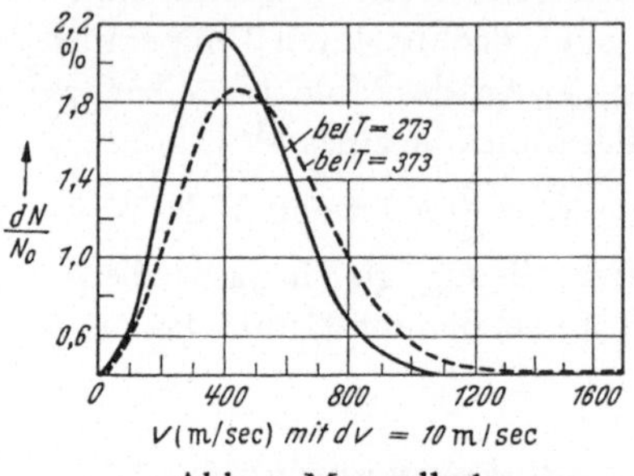

Abb. 7 Maxwellsche
Geschwindigkeitsverteilung

Moleküle wird dabei, ihrer großen Zahl wegen, im Raume gleichmäßig verteilt sein, so daß keine Richtung bevorzugt ist. Es mag sehr schwierig erscheinen zu berechnen, welcher Bruchteil aller Moleküle eines Gases im Mittel bei gegebener Temperatur eine Geschwindigkeit besitzt, die sagen wir einmal zwischen 200 und 210 m/sec oder zwischen 500 und 510 m/sec liegt.

Die Lösung dieser Aufgabe ist J. C. MAXWELL (1831—1879) durch Anwendung der Wahrscheinlichkeitsrechnung gelungen. Abb. 7 stellt diese Geschwindigkeitsverteilung für Sauerstoff bei 0° Celsius und 100° Celsius dar. Es gibt, wie man sieht, eine wahrscheinlichste Geschwindigkeit. Es ist diejenige, die dem Maximum der Kurve entspricht. Bei 0° Celsius beträgt sie 378 m/sec, bei 100° 442 m/sec. Der gewöhnliche Mittelwert aller Geschwindigkeit, die sog. mittlere Geschwindigkeit, beträgt 428 bzw. 500 m/sec, und unser früherer Mittelwert, die Quadratwurzel

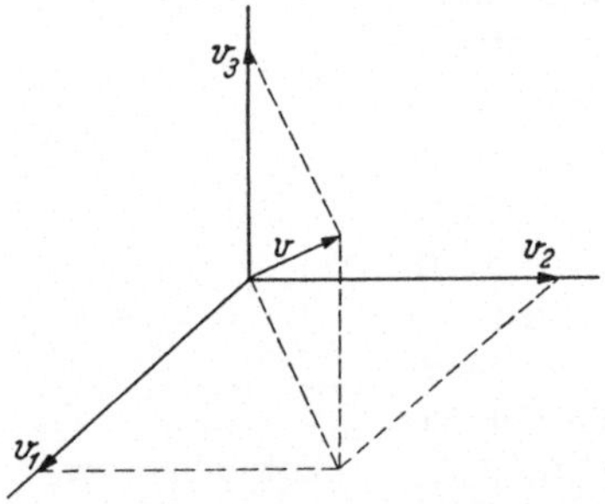

Abb. 8.
Zerlegung der Geschwindigkeit
in Komponenten

aus dem mittleren Geschwindigkeitsquadrat 463 m/sec bzw. 541 m/sec. Alle diese Geschwindigkeiten unterscheiden sich nicht sehr viel untereinander.

Es gibt im ganzen mehr Moleküle mit großen als solche mit kleinen Geschwindigkeiten. Das ist leicht zu verstehen. Jede Geschwindigkeit kann man sich aus drei Komponenten in drei aufeinander senkrechten Richtungen zerlegt denken (Abb. 8). Man erhält eine kleine Geschwindigkeit nur, wenn alle drei Komponenten klein sind, aber eine große schon dann, wenn nur *eine* der drei Komponenten groß ist.

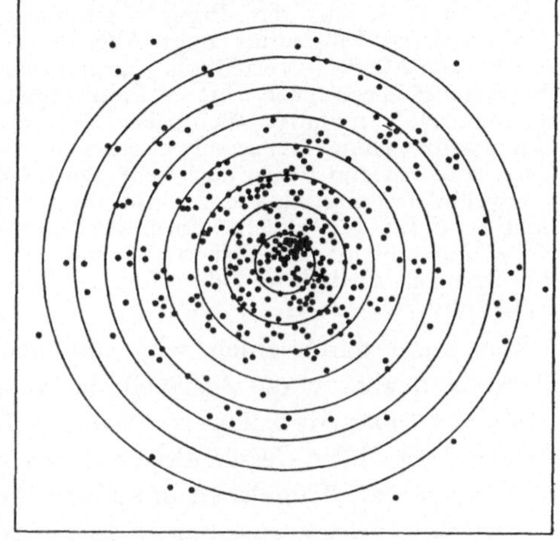

Abb. 9. Zielscheibe mit Einschüssen

Daß es sich bei der Berechnung der Maxwell-Verteilung um eine Aufgabe der Wahrscheinlichkeitsrechnung handelt, kann man sich etwa folgendermaßen klar machen: Man schieße eine große Anzahl von Schüssen gezielt auf das Zentrum einer Scheibe ab. Die Einschüsse mögen rings um das Zentrum verteilt sein, wie das aus der Abb. 9 hervorgeht. Die Verteilung ist durch allerhand Zufälle und die Treffsicherheit des Schützen bedingt, aber wenn die Zahl der Schüsse sehr groß ist, so ergibt sich doch eine Gesetzmäßigkeit. Man zähle die Zahl der Einschüsse in den einzelnen gleich breiten Ringen, die das Zentrum umgeben.

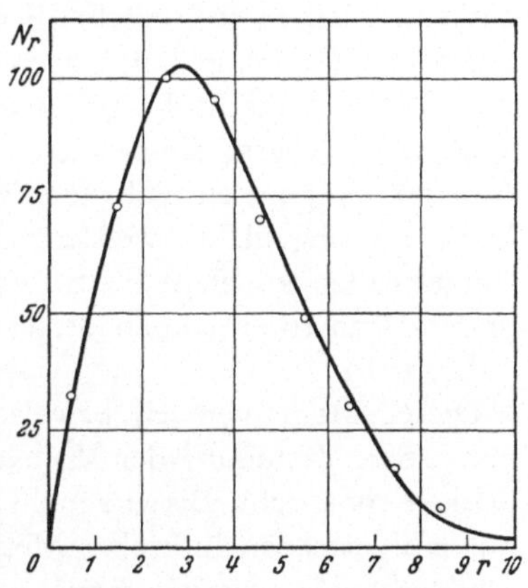

Abb. 10. Einschußzahlen in Abhängigkeit vom Ringradius

Die Flächen der Ringe wachsen, je mehr man sich vom Zentrum entfernt. Daher nimmt die Zahl der Einschüsse zunächst zu. Weiter außen nimmt sie aber wieder ab, weil so große Abweichungen vom Ziel unwahrscheinlich werden. In einem bestimmten Ring wird also die größte Einschußzahl liegen, in welchem, das hängt von der Güte des Schützen ab. Die Einschußzahlen, wie sie aus der Figur entnommen sind, in Abhängigkeit vom mittleren Ringradius zeigt Abb. 10. Die Kurve sieht ähnlich aus wie die Maxwell-Verteilung. Es gibt eine wahrscheinlichste Zielabweichung ebenso wie eine wahrscheinlichste Geschwindigkeit bei der Maxwell-Verteilung. Wenn das Zentrum sehr klein wäre, würde es nur ganz wenige Treffer aufweisen, weil seine Fläche so klein wäre. Ganz entsprechend treten auch sehr kleine Geschwindigkeiten bei der Maxwell-Verteilung selten auf. Unser Modell ist aber doch nicht ganz richtig. *Genau* die gleiche Form der Kurve wie bei der Maxwell-Verteilung erhielte man erst, wenn man nach einem Luftballon etwa mit Granaten schösse und die Orte der Sprengpunkte rings um den Ballon notierte.

Man kann durch einen sehr hübschen Modellversuch nach H. Auer qualitativ die Maxwellsche Verteilung demonstrieren (Abb. 11a). Das Modellgas aus Stahlkugeln befindet sich in dem flachen Trog links, dessen Boden durch schnelle Auf- und Abbewegungen die Kügelchen in lebhafte Bewegung versetzt. Sie stoßen dabei häufig zusammen. In der rechten Seitenwand befindet sich eine kleine Durchbohrung. Die Stahlkugeln fliegen durch dieses Loch horizontal mit ihren verschiedenen Geschwindigkeiten heraus und beschreiben mehr oder weniger steile Fallparabeln. Die schnellen fliegen weiter, die langsamen weniger weit. So werden die Kugeln nach ihrer Geschwindigkeit in den einzelnen Fächern, die rechts zu sehen sind, sortiert. Wenn der Apparat einige Zeit gelaufen ist, während von oben dauernd Kugeln nachgeliefert werden, damit ihre Zahl in dem Gefäß einigermaßen konstant bleibt, erhält man durch die Anhäufung in den Fächern ein angenähertes Abbild der Maxwell-Verteilung (Abb. 11b).

Dieser Modellversuch beweist natürlich noch nicht, daß die berechnete Verteilung der Molekulargeschwindigkeiten der Wirklichkeit entspricht. Bis vor nicht allzulanger Zeit besaß man auch nur einigermaßen indirekte Methoden, um das zu prüfen. Ein schönes und schwieriges Experiment, das dem Modellversuch von Auer sehr ähnlich ist, ist von O. Stern und seinen Mitarbeitern ausgeführt worden. Es gestattet, die wahre Größe der Molekulargeschwindigkeit direkt zu messen und die Gültigkeit der Maxwell-Verteilung quantitativ nachzuprüfen.

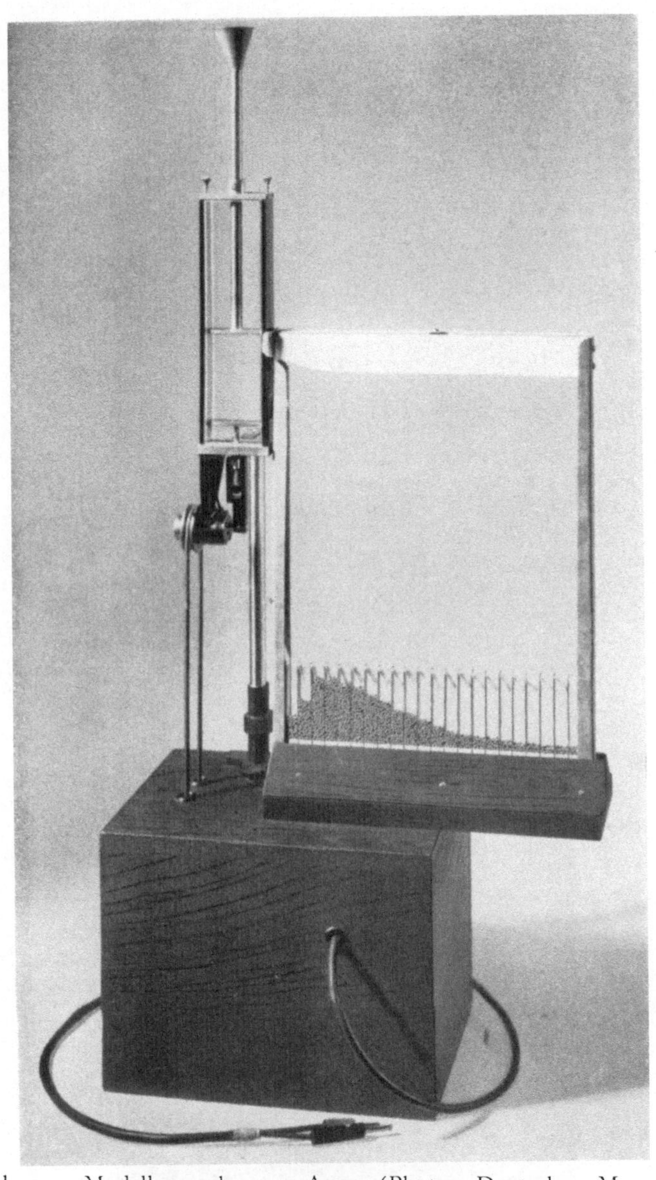

Abb. 11a. Modellversuch von AUER (Photo: Deutsches Museum, München)

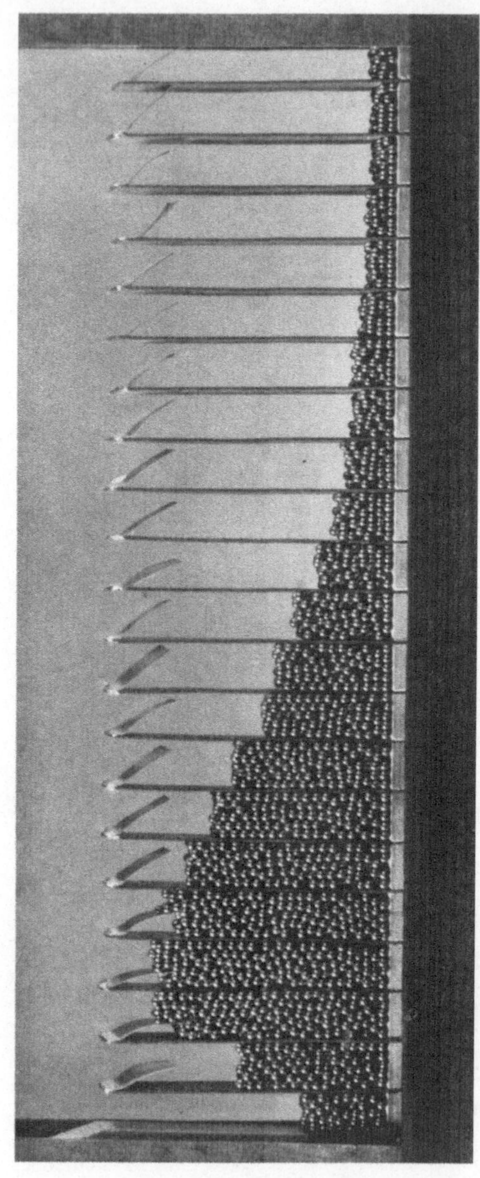

Abb. 11b. Darstellung der Geschwindigkeitsverteilung nach AUER (Photo: Deutsches Museum, München)

In einem elektrisch geheizten Öfchen (Abb. 12), das sich in einem hochevakuierten Raum befindet, wird etwas Metall, und zwar das leicht schmelzbare Alkalimetall Cäsium erhitzt, so daß es z. T. verdampft und sich ein geeigneter Dampfdruck im Ofen einstellt. Durch einen sehr engen Spalt S_1 von nur 0,02 mm Weite treten dann Atome des Cäsiums ins Vakuum in allen möglichen Richtungen und mit allen möglichen Geschwindigkeiten aus, entsprechend der Temperatur des Ofens. In diesem „Atomstrahl" muß eine Geschwindigkeitsverteilung auf die Atome herrschen, die in berechenbarer Weise von der Geschwindigkeitsverteilung im Ofen abhängt.

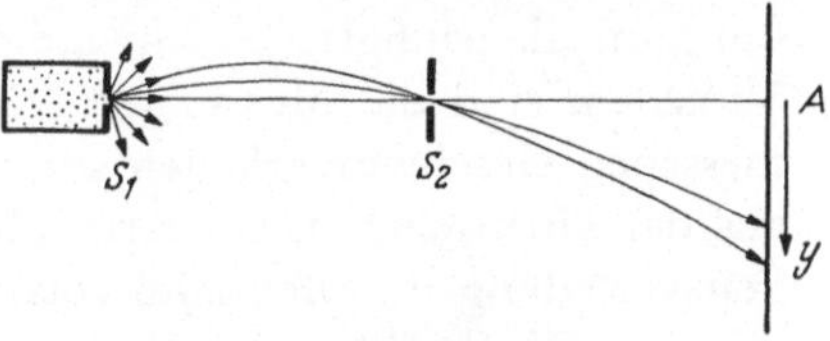

Abb. 12. Zum Versuch von Stern

Sie stimmt nicht genau mit der Geschwindigkeitsverteilung im Ofen überein, weil mehr schnellere als langsame Atome aus dem Ofenspalt austreten. Könnte man die Geschwindigkeitsverteilung im Strahl messen, so könnte man auch die im Ofen berechnen und feststellen, ob sie der Maxwell-Verteilung entspricht. In einem Abstand von 1 m vom Ofenspalt befindet sich im Vakuum ein Schirm mit einem zweiten, ebenso schmalen Spalt S_2, und in einem weiteren Abstand von 1 m ein sehr empfindlicher Auffänger, bestehend aus einem dünnen, glühenden Draht, der nach einem Prinzip, das wir hier nicht weiter zu erörtern brauchen, die Zahl der in der Zeiteinheit auf ihn treffenden Atome des Strahles durch den Ausschlag eines Strommessers in relativem Maße zu messen gestattet. Die Spalte S_1 und S_2 und der Auffänger A liegen in einer Horizontalen, doch ist der Draht A in der Senkrechten nach unten verschiebbar. Auf ihrer Flugbahn sind die Atome der Schwerkraft unterworfen. Sie müssen deshalb eine Fallparabel beschreiben. Je schneller die Atome sind, um so flacher ist die Parabel. Da aus dem Ofenspalt S_1 Atome in alle möglichen Richtungen herausfliegen, können Atome einer bestimmten Geschwindigkeit den zweiten Spalt S_2 nur dann passieren, wenn sie einer solchen Richtung φ angehören, daß der Scheitel der Parabel mitten zwischen S_1 und S_2 liegt. Je langsamer die Atome sind, um so größer ist der zugehörige Winkel φ und um so weiter unten werden die Atome anlangen. Verschiebt man also den Auffänger längs der Vertikalen nach unten, so liefern die Galvanometerausschläge die Geschwindigkeitsverteilung im Strahl.

Ist der Abstand $S_1 S_2$ gleich $S_2 A$ gleich s (je 1 m), so ergibt sich die Geschwindigkeit aus $v = s \sqrt{\dfrac{g}{y}}$, wobei g gleich 9,81 m/sec die Erdbeschleunigung und y die vertikale Verschiebung des Auffängers ist.

Die Cäsiumatome waren so schnell, daß die Auffängerverschiebung für die häufigste Geschwindigkeit nur etwa 0,2 mm betrug. Trotzdem sind die Messungen sehr genau. Die Größe der gemessenen Geschwindigkeiten stimmt genau mit der Berechnung aus der kinetischen Gastheorie überein, und die Geschwindigkeitsverteilung im Ofenraum entsprach genau der Maxwell-Verteilung. Dieses Experiment vermittelt eine Anschauung von der großartigen Leistung moderner Experimentierkunst. In ihm ist zum ersten Mal der freie Fall atomarer Teilchen nachgewiesen und zur Messung von Molekülgeschwindigkeiten verwendet worden.

4. Zahl der Zusammenstöße, mittlere freie Weglänge, Durchmesser der Moleküle und Zahl der Moleküle im cm³

Man vergegenwärtige sich kurz folgenden Versuch: Ein paralleler Atomstrahl z. B. wieder aus Cs-Atomen, verlaufe im Vakuum, und seine Intensität J werde mit einem Empfänger gemessen. Daraufhin schaltet man einen Raum der Länge x in den Weg des Strahles ein, der mit Cs-Dampf gefüllt ist, so daß n Atome im cm³ dieses Raumes enthalten sind. Nur ein Teil der Atome des Strahles gelangt jetzt zum Empfänger und man mißt eine kleinere Intensität J. Bei jedem Zusammenstoß mit einem Dampfatom werden nämlich die Strahlteilchen nach der Seite abgelenkt und gelangen nicht zum Empfänger. Aus dem Verhältnis der beiden Intensitäten kann man ermitteln, welcher Bruchteil der Strahlteilchen auf dem Wege x unter den gegebenen Umständen einen Zusammenstoß erlitten hat. Ein Strahlteilchen muß dabei einem Dampfatom mindestens so nahe gekommen sein, daß die Atommittelpunkte nur noch um den „Atomdurchmesser" voneinander entfernt sind. Wenn man sich vorstellt, daß man in einen Waldstreifen mit einem Maschinengewehr N Schüsse hineinschießt und daß nur n Kugeln aus dem Wald wieder herauskommen, ohne daß sie in einem Baum stecken geblieben sind, so wird auch das Verhältnis der abgegebenen Schüsse zu der Zahl der herausgekommenen Kugeln von der Zahl der Zusammenstöße der Kugeln mit den Bäumen abhängen. Die Zahl der Zusammenstöße z auf der Einheit des Weges wird in beiden Fällen um so größer sein, je größer die Zahl der Dampfatome oder Bäume in der Volumeneinheit ist und je größer der Querschnitt eines jeden Dampfatoms oder eines jeden Baumes ist. Der mittlere Weg zwischen zwei Zusammenstößen ist offenbar $1/z$. Aus der Größe der mittleren freien Weglänge kann man also das Produkt aus der Zahl der Atome in cm³ und dem Atomquerschnitt erhalten.

Als die experimentelle Technik noch nicht so weit entwickelt war, daß man mit Atomstrahlen in eine Atomwolke hineinschießen konnte, wie mit Gewehrkugeln in einen Wald, hatte man schon aus Vorgängen, die von der mittleren freien Weglänge abhängen, auf deren Größe schließen können. Solche Vorgänge sind die *Diffusion*, die *Wärmeleitung* und die *innere Reibung* der Gase. Zwei Gase, z. B. brauner Bromdampf und Luft mischen sich, wenn sie anfangs getrennt waren, nur sehr langsam durch Diffusion. Bei der großen Geschwindigkeit der Moleküle sollte man das Gegenteil erwarten. Ein Gas ist auch ein sehr schlechter Wärmeleiter, obwohl man denken sollte, daß die schnellen Moleküle den Wärmetransport von einer heißen zu einer kalten Stelle sehr rasch besorgen sollten. Deshalb ist Pelzwerk, das viel Luft enthält, ein guter Wärmeschutz. In beiden Fällen verhindert die große Zahl der Zusammenstöße oder der kleine Wert der mittleren freien Weglänge, daß die Moleküle rasch vorankommen. Es ergeht ihnen wie einem Menschen in einem großen Gedränge. Wenn ein Gas strömt, so daß Schichten mit verschiedener Strömungsgeschwindigkeit übereinanderliegen, so kommt zu der Geschwindigkeit der regellosen Molekularbewegung noch eine gerichtete, in den verschiedenen Schichten verschieden große Geschwindigkeit hinzu. Man kann das z. B. erreichen, indem man eine Platte 1 mit einer Geschwindigkeit u in einem kleinen Abstand a über einer ruhenden Platte in Pfeilrichtung bewegt (Abb. 13). Der Zwischenraum sei mit Gas gefüllt. Man muß, um die konstante Geschwindigkeit aufrechtzuerhalten, dauernd eine Kraft in Bewegungsrichtung auf die Platte 1 ausüben. Die an der ruhenden Platte 2 anliegende

Gasschicht hat keine Zusatzgeschwindigkeit, die an der oberen anliegende die volle Geschwindigkeit der Platte. Durch die unregelmäßige Molekularbewegung sind die Moleküle gewissermaßen miteinander verzahnt, und es kommt so ein dauernder Transport der gerichteten Bewegungsgröße in senkrechter Richtung zustande, wobei Moleküle mit einer großen Zusatzgeschwindigkeit von der bewegten Platte fortgehen und solche mit einer kleineren zu ihr hinkommen und beschleunigt werden müssen. Durch die Zusammenstöße wird fortwährend regelmäßige Bewegung in unregelmäßige, d. h. in Reibungswärme verwandelt. Die Größe der Kraft, die man auf die Fläche F ausüben muß, um sie gegen die Wirkung der Reibung mit konstanter Geschwindigkeit u zu bewegen, ist $\dfrac{\eta F u}{a}$. Die für jedes Gas kennzeichnende Größe η bezeichnet man als Koeffizienten der inneren Reibung.

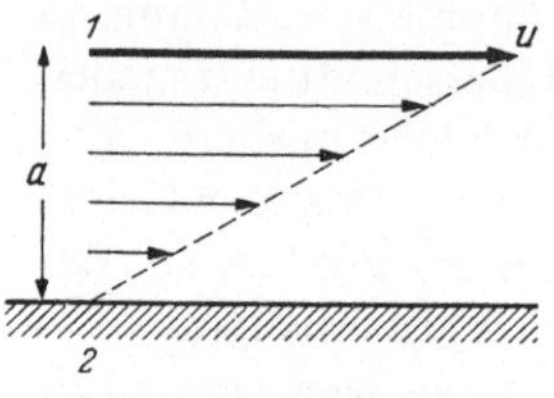

Abb. 13. Zur inneren Reibung

Man sieht nun folgendes: Die Größe der Reibung wird um so größer sein, je mehr Gas dauernd von der bewegten Platte in Bewegung gesetzt werden muß, je größer also die Gasdichte D ist, und je schneller die Moleküle sich bewegen, weil um so mehr Moleküle in der Zeiteinheit aus langsameren Schichten an die bewegte Platte kommen und beschleunigt werden müssen. Außerdem aber wird die Reibung um so größer sein, aus je entfernteren Schichten die Gasteilchen herankommen, ohne inzwischen einen Zusammenstoß erlitten zu haben, d. h. also je größer die mittlere freie Weglänge ist. MAXWELL fand denn auch durch genauere Rechnung:

$$\eta = \frac{D \bar{v} \lambda}{3}$$

Da der Koeffizient der inneren Reibung leicht experimentell bestimmt werden kann und die Dichte des Gases sowie die mittlere Geschwindigkeit der Gasmoleküle bei gegebener Temperatur bekannt sind, so kann man die mittlere freie Weglänge λ hieraus ermitteln. Übrigens enthält das theoretische Ergebnis noch eine paradox erscheinende Aussage. Die Dichte des Gases ist um so

größer, je größer der Gasdruck ist, die freie Weglänge ist aber
natürlich um so kleiner, je größer der Gasdruck ist. Die innere
Reibung der Gase muß also vom Druck unabhängig sein. Als
Maxwell dieses Ergebnis fand, wollte er es
nicht glauben. Der Versuch hat es aber bestätigt. Wir können es heute am besten
folgendermaßen demonstrieren:

Abb. 14 zeigt ein kreisrundes, mit Luft ge-
fülltes Glasrohr, das vollständig abgeschlossen
ist und in dem eine Stahlkugel, deren Durchmesser nur ganz wenig kleiner ist als der des
Rohres, langsam mit einer konstanten Geschwindigkeit heruntersinkt, wenn man das
Rohr senkrecht stellt. Die innere Reibung
der Luft macht sich dabei im engen Zwischenraum zwischen Kugel und Glaswand geltend.
Pumpt man nun $^9/_{10}$ der Luft aus, bis der
Druck $^1/_{10}$ Atmosphäre beträgt, so sinkt die
Kugel noch mit genau der gleichen Geschwindigkeit wie bei Atmosphärendruck. Die innere
Reibung ist folglich unverändert geblieben.

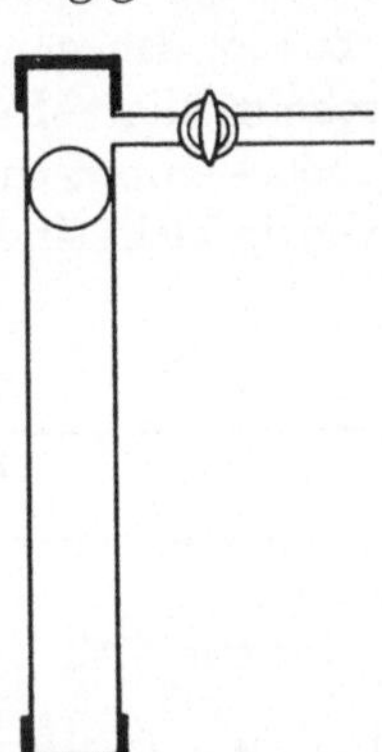

Abb. 14. Versuch
zum Nachweis der
Unabhängigkeit
der inneren Rei-
bung vom Gas-
druck

Erst bei sehr stark erniedrigtem Druck beginnt die Kugel
schneller zu fallen, wenn die mittlere freie Weglänge vergleichbar
wird mit der Größe des engen Zwischenraumes zwischen Kugel
und Wand.

Einige Werte für die mittlere freie Weglänge bei 0° C und
Atmosphärendruck sowie die daraus berechnete Zahl z der
Zusammenstöße eines Moleküls pro sec und pro cm Weg sind in
der folgenden Tabelle zusammengestellt. Da die Zahl der Zusammenstöße auf einem Zentimeter der Zahl der Moleküle im cm³
und dem Querschnitt eines jeden Moleküls proportional ist, kann
auch dieser Gesamtquerschnitt aller Moleküle im cm³ daraus
berechnet werden. Auch dieser ist in der Tabelle angegeben. Für
Cs-Dampf ist er besonders groß, weil das Cäsium-Atom besonders groß ist.

Kurz zusammengefaßt kann man Folgendes sagen: Wenn wir
vom Cs absehen, sind die mittleren freien Weglängen etwa von
der Größe 100 Millionstel mm oder 10^{-5} cm bei Atmosphären-

druck. Erniedrigt man aber den Druck auf 1 Millionstel Atmosphäre, so beträgt sie schon etwa 10 cm. Die Zahl der Zusammenstöße pro cm bei Atmosphärendruck ist größenordnungsmäßig 100000, dagegen pro/sec rund 10 Milliarden. Der Gesamtquerschnitt aller Moleküle im cm³ beträgt bei Atmosphärendruck 10000—20000 cm² oder rund 1 m². Da die einzelnen Moleküle winzig klein sind, muß deren Zahl im cm³ ungeheuer groß sein.

Tabelle 3
(Bei 0° Celsius und Atmosphärendruck)

	λ in 10^{-6} mm	z pro sec	z pro cm	$n\,\pi\,r^2\,\dfrac{cm^2}{cm^3}$	$2\,r = d$ in Å
Stickstoff . . .	60	7600 Mill	167000	29000	3,2
Sauerstoff . .	65	6500 Mill.	154000	27000	2,9
Wasserstoff . .	112	15200 Mill.	90000	15700	2,3
Helium . . .	180	6600 Mill.	55000	9800	1,9
Cäsium . . . (Atomstrahlen in Cs-Dampf)	1,8	660000 Mill.	5500000	980000	19

Um diese Zahl und den Moleküldurchmesser einzeln zu finden, brauchen wir noch eine weitere Beziehung, die diese Größen verknüpft. J. LOSCHMIDT hat als Erster einen Zugang zu dieser wichtigen Frage gefunden.

Wir erläutern das am Beispiel des Stickstoffes. Flüssiger Stickstoff nimmt nur ein Achthundertvierzehntel des Raumes ein, den der gasförmige Stickstoff bei Atmosphärendruck erfüllt. Da die Moleküle in der Flüssigkeit den Raum schon recht dicht ausfüllen, kann man abschätzen, daß das Gesamtvolumen der Moleküle etwa die Hälfte dieses Raumes ausmacht. Das Volumen einer kugelförmig gedachten Molekel ist $\dfrac{4}{3} r^3 \pi$, wobei r der Molekülradius ist und es muß demnach $n \dfrac{4}{3} r^3 \pi = \dfrac{1}{2 \cdot 814}$ sein. Das liefert uns also eine zweite Beziehung zwischen n und r.

Man erhält die in der letzten Spalte der Tabelle angegebenen Durchmesser der Moleküle.

Es ergibt sich wiederum der Betrag von einigen Å-Einheiten. Für die Zahl n der Moleküle im cm³ erhält man den ungeheuer großen Wert von rund 30 Trillionen. Man kennt heute den Wert genauer, es sind etwa 27 Trillionen. Die Loschmidtsche Zahl, das ist die Zahl der Moleküle in 22400 cm³, ist also rund $6 \cdot 10^{23}$.

Diese Zahlen sind so ungeheuer groß, daß es schwer ist, sie sich nur einigermaßen vorzustellen. Würde man alle Atome, die in 1 cm³ Gas enthalten sind, wie die Perlen einer Kette aneinanderreihen, so würde trotz der Winzigkeit der einzelnen Perlen die Kette mehr als 100 mal um die Erde gewickelt werden können. Auch die Massen sämtlicher Moleküle und Atome sind uns nun bekannt. Die Masse des Wasserstoffatoms in g ist einfach der reziproke Wert der Loschmidtschen Zahl, das ist $1{,}66 \cdot 10^{-24}$ g.

IV. Schwankungserscheinungen

1. Brownsche Bewegung

Bringt man ein wenig echtes Gummigutt, das ist eine gelbe Wasserfarbe, die aus dem getrockneten Milchsaft einer Pflanze hergestellt wird, in etwas Wasser, so nimmt das Wasser eine gelbliche milchige Trübung an. Der Stoff ist in Form winziger kleiner Kügelchen im Wasser suspendiert. Mit einem guten Mikroskop sind die kleinen Kügelchen, deren Durchmesser etwa $^1/_{1000}$ mm beträgt, sichtbar und man beobachtet ein merkwürdiges Schauspiel. Die Kügelchen führen eine lebhafte, vollkommen unregelmäßige und von einander unabhängige Bewegung aus. Einzelne Teilchen verschwinden auch häufig aus dem Gesichtsfeld, weil sie nach unten fallen oder nach oben steigen und neue aus höheren oder tieferen Schichten der Flüssigkeit tauchen im Gesichtsfeld auf. Das Mikroskop vermag ja nur eine sehr dünne Schicht der Flüssigkeit scharf abzubilden. Diese Bewegung ist von dem englischen Botaniker R. Brown (1773—1858) 1827 entdeckt worden. Allerdings soll der erste Mikroskopiker A. Leuwenhoek (1632—1723) sie schon 150 Jahre vorher beobachtet haben. Es ergab sich später, daß Brown eine echte Wirkung der thermischen Molekularbewegung gefunden hatte, sozusagen ein grobes Abbild dieser Molekularbewegung. Der römische Dichter Titus Lucretius Carus (95—55 v. Chr.), ein Anhänger des Atomismus, hat in seinem Gedicht „De natura rerum" diese Erscheinung vorausgeahnt und beschrieben, ohne sie beobachten zu können.

Die Kügelchen sind natürlich keine Moleküle. Da man ihren Durchmesser und damit ihr Volumen ziemlich genau bestimmen kann, kann man aus der bekannten Dichte des Stoffes und dem

Volumen auch ihre wahre Masse berechnen. Die Größenordnung ist etwa einige 10^{-14} g. Für die Masse eines Stickstoffmoleküls finden wir mit Hilfe der Loschmidtschen Zahl $4,7 \cdot 10^{-23}$ g. Unsere Kügelchen haben also Massen, die größenordnungsmäßig 1000 Millionen mal so groß sind wie die eines Stickstoffmoleküls. Sie sind aber noch so klein, daß die Zahl der Stöße, die sie durch Wassermoleküle erfahren, bald von der einen, bald von der andern Seite merklich überwiegen. Auf diese Weise werden die Teilchen unregelmäßig hin und her getrieben. Kleine in Luft schwebende Rauchteilchen zeigen bei mikroskopischer Beobachtung eine besonders lebhafte Brownsche Bewegung. Diese kleinen Kügelchen müssen sich nun verhalten wie Riesenmoleküle und ihre mittlere kinetische Energie muß deshalb die gleiche sein wie die eines jeden Moleküls bei der gleichen Temperatur.

Den Nachweis, daß die Brownsche Molekularbewegung wirklich molekularen Ursprungs ist, kann man z. B. folgendermaßen erbringen (J. PERRIN 1870—1942): Einige Tropfen einer Emulsion, welche aus lauter gleich großen Kügelchen besteht, füllt man in eine sehr flache Cuvette, wie sie zum Zählen der Blutkörperchen verwendet wird, und verschließt diese mit einem Deckglas. Ein Mikroskop, das eine Tiefenschärfe von nur $^1/_{1000}$ mm besitzt, stellt man nun auf verschiedene Tiefen der Emulsion ein, nachdem man das Gesichtsfeld mit einer Blende stark verkleinert hat (Abb. 15 a). Man übersieht dann mit einem Blick, daß in allen Höhen zunächst praktisch die gleiche Teilchenzahl vorhanden ist. Wartet man aber längere Zeit, so stellt sich eine Verteilung ein, bei der die Teilchenzahl von der Nähe des Bodens nach oben gesetzmäßig abnimmt, und zwar in genau der gleichen Weise, wie der Luftdruck oder die Zahl der Luftmoleküle mit der Höhe über dem Erdboden abnimmt. Das Gesetz der Luftdruckabnahme mit der Höhe in einer Atmosphäre konstanter Temperatur, die 0° betragen möge, zeigt Abb. 15 b. Am Erdboden sei der Luftdruck gleich einer Atmosphäre. In 5,4 km Höhe be-

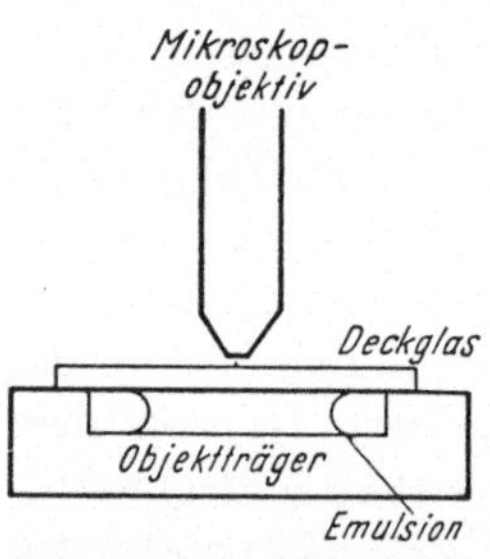

Abb. 15 a. Beobachtung der Teilchenzahlabhängigkeit von der Höhe in einer Suspension

trägt er eine halbe Atmosphäre, in 10,8 km Höhe eine Viertel Atmosphäre usw. Man sagt deshalb die „Halbwertshöhe" ist 5,4 km. Das gleiche gilt natürlich für die Abnahme der Dichte und der Molekülzahl im cm^3. Der Wettstreit zwischen Gewicht und Wärmebewegung ist für diese Verteilung verantwortlich. Ohne Gewicht würden die Moleküle die Erde verlassen, ohne Wärmebewegung würden sie zu Boden fallen und den Erdboden mit einer 10 m dicken Schicht von flüssiger Luft bedecken. Wie ein nach oben geworfener Stein erreichen die Moleküle mit einer großen Vertikalkompo-

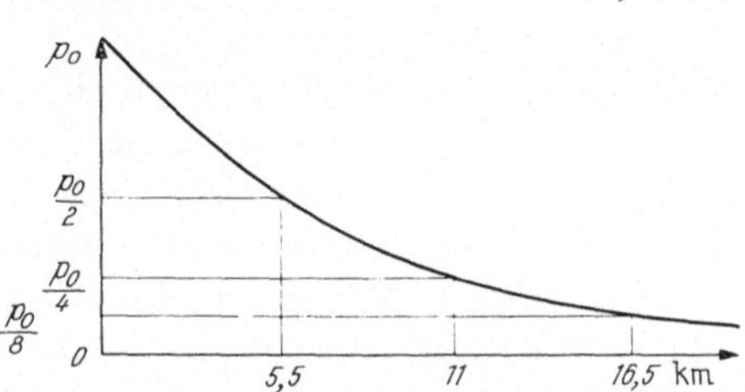

Abb. 15 b. Gesetz der Luftdruckabnahme mit der Höhe

nente der Geschwindigkeit größere Höhen, die mit einer kleineren kleinere. Die Atmosphäre hat keine obere Grenze. Noch in 200 km Höhe lassen sich Gasreste nachweisen durch das Aufleuchten von Meteoren, die durch Gasreibung glühend werden und durch das Leuchten der Nordlichter. Die Halbwertshöhe wäre für Atmosphären aus verschiedenen Gasen verschieden groß. Je größer das Molekulargewicht ist, um so kleiner ist die thermische Geschwindigkeit und um so geringer deshalb die Halbwertshöhe. Sie ist umgekehrt proportional dem Molekulargewicht. Für eine Wasserstoffatmosphäre wäre z. B. die Halbwertshöhe 14,5 mal so groß wie für Luft, also fast 80 km, weil das mittlere Molekulargewicht der Luft 29, das Molekulargewicht des Wasserstoffs aber 2 ist.

Während nun der Luftdruck in einer Höhe von 5,4 km auf die Hälfte abnimmt, erfolgt die Abnahme der Zahl der suspendierten Teilchen auf die Hälfte schon in der Höhe von $6,5 \cdot 10^{-3}$ mm vom Boden, wenn ihre scheinbare[1] Masse z. B. $4 \cdot 10^{-14}$ g beträgt. Diese Halbwertshöhen verhalten sich also wie $8,3 \cdot 10^8$ zu 1, und

---

[1] Ist m die wahre Teilchenmasse, so ist die scheinbare Masse wegen des Auftriebs in der Flüssigkeit kleiner, nämlich $m \cdot \dfrac{d - d'}{d}$, wenn d bzw. d' die Dickte des Teilchens bzw. der Flüssigkeit ist.

dieses Verhältnis ist wiederum gleich dem Verhältnis der Teilchen-
masse zur Molekülmasse der Luft. Die Teilchenmasse ist $4 \cdot 10^{-14}$g.
Die Masse des Luftmoleküls $29/L$ g, wobei L die Loschmidtsche
Zahl ist. Wir erhalten also für die Loschmidtsche Zahl

$$L = \frac{8,3 \cdot 10^8 \cdot 29}{4 \cdot 10^{-14}} = 6 \cdot 10^{23}$$

den gleichen Wert wie früher.

EINSTEIN (1879-1955) hat noch einen andern Weg gezeigt, auf
dem man aus der Lebhaftigkeit der Brownschen Bewegung, also
aus der Größe der mittleren Verschiebung der Teilchen in gleichen
Zeiten, die Loschmidtsche Zahl ermitteln kann. Das Experiment
hat den gleichen Wert für die Loschmidtsche Zahl ergeben. Ein
sehr kleines Spiegelchen an einem sehr dünnen Quarzfaden führt
fortwährend unregelmäßige Drehbewegungen aus als Folge
der Molekularstöße. E. KAPPLER hat durch Registrierung der
Schwankungen eines solchen Drehpendels die Loschmidtsche Zahl
auf 2% genau bestimmen können.

Man kann kleine Silberkriställchen von nur einigen Hundertstel
mm Durchmesser in Wasser suspendieren. Bringt man eine solche
sehr verdünnte Suspension in einen Glastrog und schickt ein
paralleles Lichtbündel hindurch, so wird gelegentlich ein Silberkriställchen in eine geeignete Lage kommen, so daß es das Licht
nach der Seite reflektiert. Man sieht dann mit dem Auge die
Kriställchen aufblitzen. Stellt man eine photographische Platte
parallel zur Seitenwand des Troges auf, so wird der reflektierte
Lichtstrahl eine zickzackförmige Spur auf der Platte hinterlassen

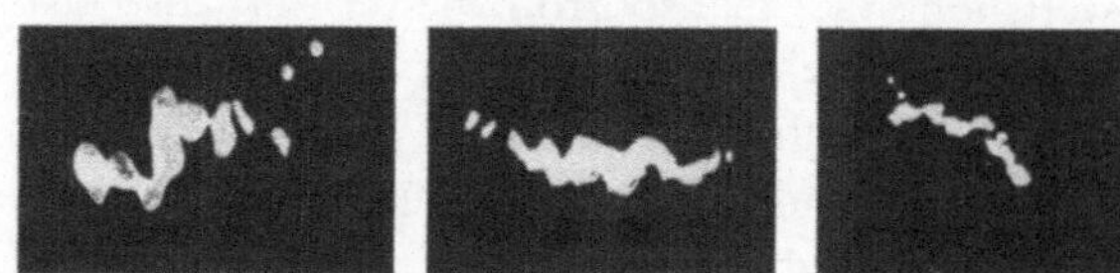

Abb. 16. Sichtbarmachung der Brownschen Bewegung mit bloßem
Auge (nach U. SCHMIESCHEK)

(Abb. 16) wegen der unregelmäßigen Drehbewegungen der
Silberkriställchen, die sie als Folge der Stöße der Moleküle aus-
führen. In diesem Versuch kann man also ohne Benutzung eines
Mikroskopes die Brownsche Bewegung sichtbar machen.

2. Andere Schwankungserscheinungen

Der erste Hauptsatz der Wärmetheorie, das Gesetz von der Erhaltung der Energie, ist ein Erfahrungssatz. Er folgt aus den mancherlei vergeblichen Bemühungen, eine Maschine zu konstruieren, die Arbeit leistet, ohne daß sie selbst angetrieben würde, ohne daß ihr also die der geleisteten Arbeit äquivalente Energie z. B. in Form von Wärmeenergie dauernd zugeführt würde. Solch eine Maschine nennt man Perpetuum mobile erster Art. Auch der sogenannte zweite Hauptsatz der Wärmetheorie, der Satz von der Vermehrung der Entropie, ist ein Erfahrungssatz. Er folgt aus dem vergeblichen Bemühen, eine periodisch arbeitende Maschine zu konstruieren, die einem Wärmereservoir Wärme entzieht und diese ganze Wärme in Arbeit verwandelt. Solch eine Maschine nennt man Perpetuum mobile zweiter Art. Bei den wirklichen Wärmekraftmaschinen sind immer zwei Wärmereservoire beteiligt, von denen das eine sich auf hoher, das andere auf niedriger Temperatur befindet. Nur ein Teil der Wärme aus dem heißen Reservoir kann in Arbeit umgesetzt werden, der Rest geht als Wärme aus dem heißeren zum kälteren Reservoir über.

Obwohl ein Perpetuum mobile zweiter Art dem Energiesatz nicht widerspricht, wäre eine solche Vorrichtung doch ebenso nützlich, wie ein Perpetuum mobile erster Art, weil uns riesige Wärmevorräte, z. B. in den Weltmeeren zur Verfügung stehen. Wir bemerken noch, ohne auf den Entropiebegriff näher einzugehen, daß die beiden Hauptsätze die Grundlage einer wichtigen Disziplin der theoretischen Physik bilden, der sog. Thermodynamik. Die aus den beiden Hauptsätzen gezogenen Folgerungen konnten ausnahmslos an der Erfahrung bestätigt werden. Während aber nun der Satz von der Erhaltung der Energie sich auch in molekularen und atomaren Bereichen durchweg als gültig erwies, gilt nicht dasselbe für den zweiten Hauptsatz.

Bei der Erhebung eines Harzkügelchens gegen die Erdanziehung ist eine Arbeit zu leisten ebenso wie beim Heben eines Steines und diese muß nach dem ersten Hauptsatz auf Kosten der Bewegungsenergie der Moleküle erfolgen. Es muß also eine lokale Temperaturabnahme der Flüssigkeit oder des Gases erfolgen.

Grundsätzlich müßte das gleiche wie für unser Kügelchen auch gelten, wenn man mit einem aufgehängten Ziegelstein von etwa 1 kg Masse experimentiert. Es sollte gelegentlich geschehen, daß er von selbst unter Ausnutzung der molekularen Energie um eine gewisse Strecke in die Höhe springt, wenn einmal zufällig die Stöße der Moleküle von unten genügend überwiegen. Man könnte nun den Stein in der höheren Lage festhalten und wieder herunterfallen lassen, wobei er eine Arbeit leisten möge. Nun wartet man wieder bis er sich zufällig wieder in die Höhe bewegt usw. fort. Damit hätte man ein Perpetuum mobile zweiter Art!

Die Wahrscheinlichkeit, daß ein Ziegelstein sich auf diese Weise von selbst um eine meßbare Höhe erhebt, ist so unvorstellbar klein, daß es praktisch völlig richtig ist, zu sagen, so etwas komme nie vor. Die Wahrscheinlichkeit indessen, daß ein so kleines Harzkügelchen sich von selbst z. B. um eine Höhe von 1—2 Hundertstel mm erhebt, ist durchaus nicht mehr so klein und dieses Ereignis tritt ja auch häufig auf, nur kann man keine brauchbare Arbeitsmaschine darauf begründen. Man bemerkt also, daß der sog. zweite Hauptsatz aus Wahrscheinlichkeitsbetrachtungen sich ergibt und zur Voraussetzung hat, daß es sich um Vorgänge handelt, bei denen sehr viele Moleküle beteiligt sind. Wenn man sich molekularen Dimensionen nähert, hört seine Gültigkeit auf. Es wird nützlich sein, dies an einem weiteren Beispiel zu erörtern. Wir wollen annehmen, daß die sämtlichen Moleküle eines größeren Gasvolumens, sagen wir z. B. 10^{22} Moleküle, einmal zufällig in der einen Hälfte des Volumens versammelt sind, während die andere Hälfte vollkommen leer ist. Auch hierauf könnte man ein Perpetuum mobile zweiter Art begründen. Man wartet bis das einmal geschehen ist, schließt dann die Moleküle mit einem Kolben ab und läßt anschließend das komprimierte Gas unter Vorschiebung des Kolbens, also unter Arbeitsleistung sich ausdehnen. Darauf wartet man wieder bis die Moleküle zufällig wieder in der einen Hälfte des Volumens versammelt sind usw. Die Wahrscheinlichkeit, daß die Moleküle sich auf die eine Hälfte des Volumens konzentrieren, ist $1/10^{22}$, eine unvorstellbar kleine Zahl. Betrachtet man aber ein Volumen, dessen Kantenlänge nur von der Größenordnung der Lichtwellenlänge, also etwa $2 \cdot 10^{-5}$ cm, ist, so findet man, daß die Zahl der Moleküle in einem so kleinen Volumen bei Atmosphärendruck nur noch etwa 200 000 beträgt. Ist die Kantenlänge 10^{-6} cm, so sind es nur noch rund 30. Diese Zahl ist hinlänglich klein, so daß sie beträchtlichen örtlichen und zeitlichen, prozentualen Schwankungen unterliegt, indem einmal merklich mehr, einmal merklich weniger Moleküle in derartig kleinen Bereichen enthalten sind. Es treten also Schwankungen der Dichte und damit auch des optischen Brechungsexponenten allenthalben auf. Die Folge dieser Schwankungen des Brechungsexponenten in Volumenelementen, deren Ausdehnung klein ist, gegen die Wellenlänge des Lichtes, ist eine teilweise Ablenkung oder Streuung des Lichtes. Ohne diese Streuung würde der Himmel schwarz erscheinen. Die Theorie zeigt weiter, daß blaues Licht stärker gestreut werden muß als rotes. Daher rührt die blaue Farbe des Himmels. Da die Größe der Schwankungen mit der Zahl der Moleküle, also mit der Loschmidtschen Zahl, zusammenhängt, ist es möglich, durch Messung der Lichtschwächung durch Zerstreuung in der Atmosphäre für verschiedene Wellenlängen wieder die Loschmidtsche Zahl zu finden. H. DEMBER hat solche Messungen 1916 in sehr reiner Luft mit befriedigendem Ergebnis auf dem Pik von Teneriffa in 3700 m Höhe ausgeführt. Er fand im Mittel $L = 6,43 \cdot 10^{23}$. Man sieht, welch geheimnisvoller Zusammenhang zwischen zwei so verschiedenen Erscheinungen besteht, wie z. B. der Brownschen Bewegung von kleinen Harzkügelchen in Wasser und der Bläue des Himmels.

V. Einiges über Kristalle und Röntgenstrahlen

Im Jahre 1912 haben M. v. LAUE, W. FRIEDRICH und P. KNIPPING (1883—1935) durch die Entdeckung der Interferenz und Beugung von Röntgenstrahlen beim Durchgang durch Kristalle mit einem Schlag den gitterartigen Aufbau der Kristalle aus den Bausteinen der Materie und die periodische Wellennatur der Röntgenstrahlen bewiesen. Wenn man durch das Gewebe eines feinmaschigen Seidenstoffes nach einer fernen kleinen Lichtquelle schaut, erblickt man ein hübsches farbiges Lichtgebilde. Das weiße Licht erscheint in seine Spektralfarben zerlegt, rot außen, violett innen. Acht solcher Spektren umgeben das farblose Bild

der Lichtquelle im Zentrum, wie die acht Kegel den König und
weitere Spektren erscheinen weiter außen (Abb. 17a u. b). Dies ist
eine Art Abbildung des Seidenstoffes. Es ist üblich, von einer „sekundären" Abbildung des quadratischen Gewebes zu sprechen.
Gewöhnlich bezeichnet man das Lichtgebilde aber als „Kreuzgitterspektrum". Daß es nicht einfach die Löcher des Gewebes

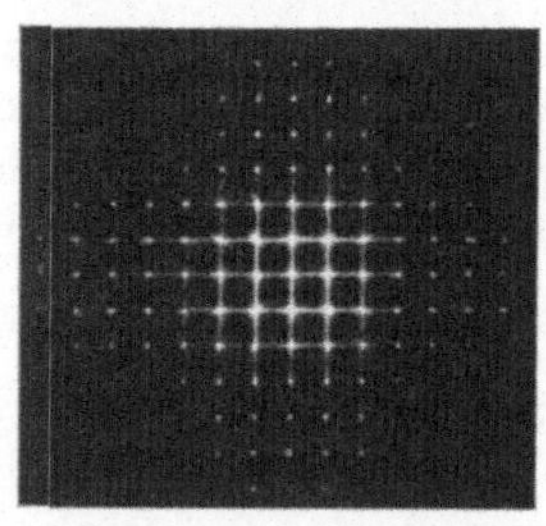

Abb. 17a u. b. Kreuzgitterspektren mit weißem und mit einfarbigem
Licht

sind, die das Auge erblickt, erkennt man erstens an der spektralen
Zerlegung des Lichtes, zweitens daran, daß man die Erscheinung
auch wahrnimmt, wenn man den Stoff so dicht vor das Auge hält,
daß man gar nicht mehr auf das Gewebe akkommodieren kann.
Dehnt man ferner den Stoff z. B. in waagerechter Richtung, so
rücken die horizontal liegenden Spektren näher aneinander,
obwohl die vertikal liegenden Fäden jetzt weiter voneinander
getrennt sind. Man erhält diese Erscheinung schon mit sichtbarem
Licht, weil die dünnen Fäden Abstände haben, die größer sind als
die Wellenlänge des sichtbaren Lichtes. Dagegen sind Raumgitter, wie sie in den Kristallen vorliegen, so feinmaschig, daß die
Abstände der Gitterbausteine vergleichbar sind mit den Atomdimensionen. Die Kristalle sind deshalb auch nur für die Wellenlängen der Röntgenstrahlen als Spektralapparat geeignet, die
einige tausendmal so klein sind wie die des sichtbaren Lichtes
(Abb. 18a). Ein Raumgitter wirkt etwas anders als ein Strich- oder
Kreuzgitter (Abb. 18b). Durch Überkreuzen zweier Wellensysteme
von Ultraschall, d. h. von sehr kurzwelligen Schallwellen, in einer

Flüssigkeit läßt sich ein kubisches Raumgitter verwirklichen, das
für sichtbares Licht geeignet ist. Durchstrahlt man dann die
Flüssigkeit mit einem schmalen Bündel weißen Lichtes, so erhält
man ein typisches Raumgitter-
spektrum (Abb. 19). Die
einzelnen „Lauepunkte" entsprechen verschiedenen Wellen-

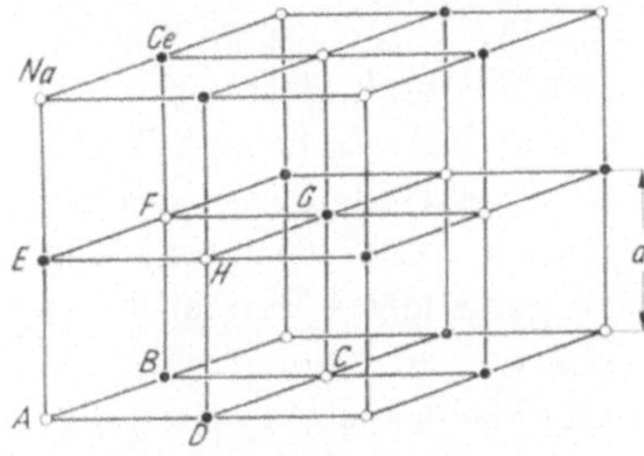

Abb. 18a. Raumgitter des
Steinsalzes

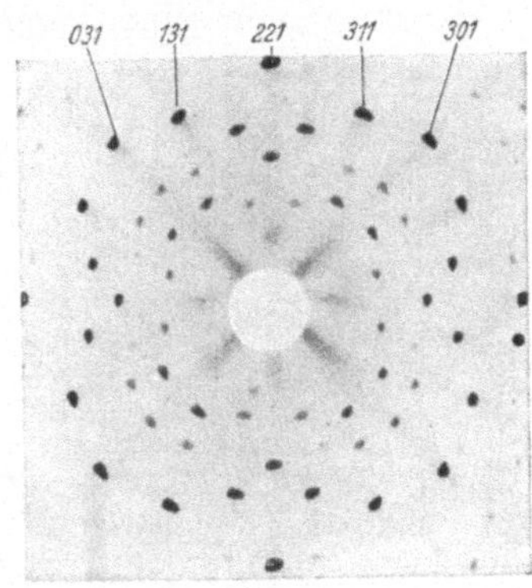

Abb. 18b. Raumgitterspektrum
von Röntgenstrahlen, sog.
Laue-Diagramm

längen oder Spektralfarben des weißen Lichtes, z. T. aber auch
verschiedenen Ordnungen der gleichen Wellenlänge[1]. Die Kristalle
also, die wegen ihrer regelmäßigen Formen schon seit je für ein

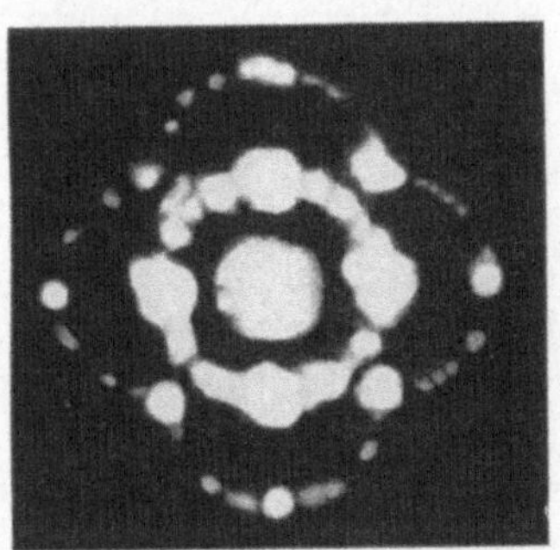
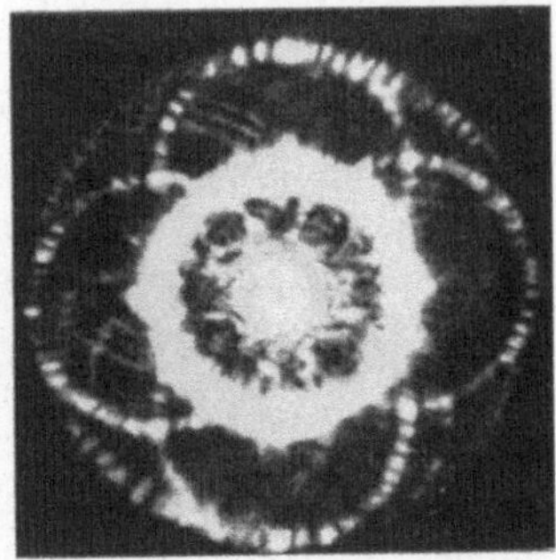

Abb. 19. Zwei Raumgitterspektren mit sichtbarem Licht. Das Raumgitter ist mit Hilfe von Ultraschall erzeugt (nach BERGMANN)

[1] Näheres hierüber findet man im Bd. 35 dieser Sammlung. Ein
Spektrum heißt $n$ter Ordnung, wenn der Gangunterschied der inter-
ferierenden Wellen n Wellenlängen beträgt.

wunderbares Zeugnis der Wirkung von Naturgesetzen galten, sind für das äußerst kurzwellige Licht der Röntgenstrahlen von der Natur selbst gewissermaßen angelegt. Durchstrahlt man einen Kristall mit sichtbarem Licht, so bleibt er stumm und verrät weder etwas von seiner eigenen Periodizität noch von der des ihn durchstrahlenden Lichtes. Erst die Verwendung von Röntgenstrahlen läßt beides gleichzeitig in Erscheinung treten. Dies ist das Wunderbare der Laueschen Entdeckung.

Für die Ermittlung der im Röntgengebiet ausgesandten Wellenlängen hat sich eine Variante der Laue-Methode der englischen Physiker W. H. BRAGG (1862—1942) und J. W. L. BRAGG (Vater und Sohn) als geeigneter erwiesen. Läßt man ein eng ausgeblendetes Bündel Röntgenstrahlen schräg auf die Oberfläche eines Kristalles unter dem „Glanzwinkel" ϑ auffallen (Abb. 20), so ist der Gangunterschied für zwei von benachbarten Netzebenen

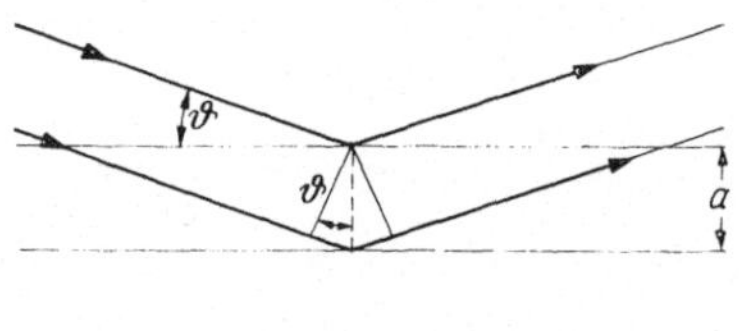

Abb. 20. Braggsche Reflexion an den Netzebenen eines Kristalls

reflektierte Strahlen $2\,a\sin\vartheta$. Ist dies gleich dem ganzen Vielfachen einer Wellenlänge, so werden sich die an allen Netzebenen reflektierten Strahlen verstärken. Nur in diesem Falle erfolgt also eine starke Reflexion. Ist die Gitterkonstante a bekannt, so kann aus ϑ die Wellenlänge λ berechnet werden.

Wir skizzieren nun, ohne auf Einzelheiten einzugehen, einige wichtige Folgerungen.

Die Bestimmung von Wellenlängen im Röntgengebiet hat die Kenntnis der Atomabstände und der Kristallstruktur zur Voraussetzung. Die Kristallstruktur, die Anordnung der Atome im Kristall, findet man aus der Anordnung der Lauepunkte, und das ist eine für die ganze Kristallographie fundamentale Erkenntnis. Die Atomabstände lassen sich finden, wenn man Interferenzversuche an Kristallen mit bekannten Röntgenwellenlängen durchführt. Es gelingt in der Tat, Wellenlängen der Röntgenstrahlen auch auf andere Weise, z. B. mit einem künstlich hergestellten Strichgitter, unter gewissen Bedingungen zu messen. Die Kenntnis der so ermittelten Atomabstände liefert nun aber einen neuen Weg zu einer sehr genauen Bestimmung der Loschmidtschen Zahl, wie aus der folgenden kleinen Betrachtung hervorgeht:

Wir betrachten als Beispiel ein Kochsalzkristall. Der Kristall besitzt Würfelsymmetrie (Abb. 18a), und in den Punkten der Abbildung sitzen abwechselnd Chlor- und Natriumionen. Betrachtet man einen Würfel $ABCDEFGH$, so sieht man z. B. am Atom G, daß jedes Atom oder, besser gesagt, Ion zu 8 solchen Würfeln mit der Kantenlänge a gehört. Die Masse in solch einem Würfel setzt sich also zusammen aus der Masse von $\frac{1}{2}$ Na $+ \frac{1}{2}$ Cl-Atom. Das Atomgewicht des Na-Atoms ist 23, das des Chlor-Atoms 35,5, die obige Masse deshalb $\frac{23 + 35,5}{2L}$ g. Diese Masse dividiert durch das Volumen a^3 gibt die experimentell bestimmbare Dichte des Steinsalzes ($D = 2{,}16 \frac{\mathrm{g}}{\mathrm{cm}^3}$). Deshalb ist der Atomabstand:

$$a = \sqrt[3]{\frac{23 + 35,5}{L \cdot D}}\ \mathrm{cm}.$$

Ist die Loschmidtsche Zahl L bekannt, so kann man den Atomabstand ausrechnen. Für Steinsalz ergibt sich z. B. $a = 2{,}83$ Å. Ist umgekehrt der Atomstand wie oben ermittelt, so hat man hierin einen neuen, sehr genauen Weg zur Bestimmung der Loschmidtschen Zahl. Es ergibt sich:

$$L = 6{,}025 \cdot 10^{23}.$$

VI. Einiges über spezifische Wärme

Die Wärme, die man einem Gramm einer Substanz zuführen muß, um ihre Temperatur um $1°$ Celsius zu erhöhen, nennt man ihre spezifische Wärme. Meist bezieht man aber die spezifische Wärme besser auf 1 Mol oder bei Elementen auf ein Grammatom des Stoffes. P. L. DULONG (1785—1838) und A. T. PETIT (1791—1820) haben gefunden, daß die Atomwärme fester Elemente ungefähr 6 kleine Kalorien beträgt. Das ist eine wichtige Regel, mit deren Hilfe man einen ungefähren Wert für das Atomgewicht eines Elementes ermitteln kann, wenn die spez. Wärme pro Gramm bekannt ist. Man erhält ein einfaches Bild eines festen Körpers, wenn man sich vorstellt, daß die Atome an Ruhelagen gebunden sind, um die sie unter der Wirkung von einer Art Federkraft in drei zueinander senkrechten Richtungen schwingen können, um so stärker, je höher die Temperatur ist. Bei jeder schwingenden Bewegung erfolgt dauernd eine Umwandlung von Lageenergie in Bewegungsenergie und umgekehrt, und beide Mittelwerte sind gleich groß. Man sagt deshalb, daß auf die drei Schwingungsrichtungen im ganzen 6 Freiheitsgrade entfallen. Der Boltzmannsche Gleichverteilungssatz der Energie besagt nun, daß auf jeden Freiheitsgrad im Mittel der Energiebetrag $kT/2$ entfällt. Ein freies Gasatom z. B. kann sich nur in drei Richtungen des Raumes bewegen und hat damit drei Freiheitsgrade. Die Bewegungsenergie ist demnach, wie wir schon wissen, $3/2\,kT$. Das gilt zwar in einem Gas auch z. B. für zweiatomige Moleküle, aber nur für die Translationsenergie. Wenn man sich das Molekül als starre Hantel vorstellt, kann es noch um zwei zueinander senkrechte Achsen rotieren (Abb. 21) und hat demnach 5 Frei-

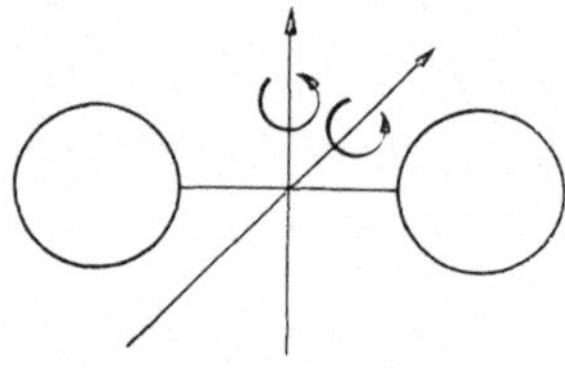

Abb. 21. Rotation eines Hantelmoleküls

heitsgrade. Weshalb man von den Freiheitsgraden der Rotation bei einem einatomigen Molekül ebenso absehen kann wie von dem Freiheitsgrad der Rotation um die Verbindungsgrade der Atome bei einem zweiatomigen Molekül, läßt sich erst durch die Quantentheorie genau begründen. Ist das Molekül nicht starr, so können die Atome noch gegeneinander schwingen. Die Zahl der Freiheitsgrade ist dann größer. Bei starren Molekülen lassen sich die Verhältnisse nun leicht übersehen. Die Bewegungsenergie eines zweiatomigen Moleküls muß nach dem Gleichverteilungsgesetz $5/_2\,kT$ sein und die eines dreiatomigen $6/_2\,kT$. Die spezifischen Wärmen pro Mol sind die Änderungen der Energie pro Mol bei der Temperaturänderung um 1 Grad. Die spez. Wärme pro Mol muß deshalb für einatomige, zweiatomige, dreiatomige Gase $3/_2\,Lk$ oder $\frac{3}{2}\cdot R,\ \frac{5}{2}\cdot R,\ \frac{6}{2}\cdot R$ sein, wobei L die Loschmidtsche Zahl und R die Gaskonstante bedeutet. Da R rund zwei kleine Kalorien beträgt, ergibt sich für die Molwärme eines einatomigen, zweiatomigen, dreiatomigen Gases 3, 5, 6 Kalorien. Das stimmt hinlänglich mit der Erfahrung überein, soweit man die Atome als starr voraussetzen kann. Es handelt sich hierbei um die Molwärme bei konstantem Volumen.

38

Eine einfache Betrachtung zeigt weiter, daß die Molwärme bei
konstantem Druck größer sein muß als die bei konstantem Volumen, denn wenn der Druck konstant bleibt, muß das Gas sich
beim Erwärmen ausdehnen. Dazu ist aber eine Arbeitsleistung
erforderlich, und die dieser Arbeit äquivalente Wärme muß dem
Gase zusätzlich zugeführt werden. Quantitativ ergibt sich, daß
die Molwärme bei konstantem Druck C_p für alle Gase um R, also
rund 2 kleine Kalorien größer ist als die Molwärme bei konstantem
Volumen C_v.

Für ein einatomiges Gas ist $C_v = \frac{3}{2} R$ und daher $C_p = \frac{5}{2} R$.

$$\frac{C_p}{C_v} = \frac{5}{3} = 1,66 .$$

Ebenso ergibt sich für ein zweiatomiges bzw. dreiatomiges Gas:

$$C_v = \frac{5}{2} R \qquad C_p = \frac{7}{2} R \qquad \frac{C_p}{C_v} = 1,4$$

$$C_v = \frac{6}{2} R \qquad C_p = \frac{8}{2} R \qquad \frac{C_p}{C_v} = 1,33 ,$$

und das stimmt wieder gut mit der Erfahrung überein.

Kehren wir nun zum festen Körper zurück und fragen wir nach
der Energie eines Grammatoms eines festen Elementes. Wegen
der 6 Freiheitsgrade beträgt diese:

$$\frac{6}{2} R T = 3 R T .$$

Die Atomwärme ist also 3 R, und das sind 6 kleine Kalorien, wie
das Gesetz von DULONG und PETIT besagt. Indessen ist damit
unsere Erzählung keineswegs zu Ende. Sie wird bis in unsere
Tage weiter gesponnen. Wir müssen uns auf Andeutungen
beschränken.

1. Die spez. Wärme fester Körper ist in Wirklichkeit tempera-
turabhängig und geht bei Annäherung an den absoluten Nullpunkt gegen Null. Die Erklärung dieses Verhaltens auf Grund
der Quantentheorie verdanken wir in erster Linie A. EINSTEIN
und P. DEBYE. Nur bei genügend hohen Temperaturen ist die
Atomwärme gleich 6 kleinen Kalorien. Die Abb. 22 zeigt, wie
gut die Theorie die Erfahrung wiedergibt.

2. Die Molwärme zweiatomiger Gase geht bei genügend tiefen
Temperaturen von 5 auf 3 über, so als würde das Gas einatomig.

Die Freiheitsgrade der Rotation verschwinden (Abb. 23). Bei genügend hohen Temperaturen steigt die Molwärme von 5 auf 7.

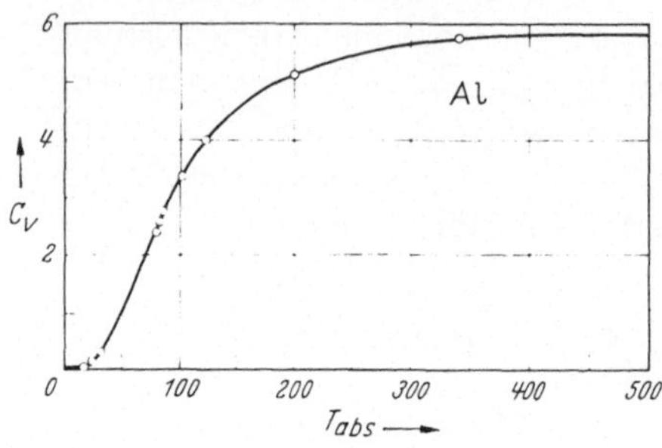

Abb. 22. Temperaturabhängigkeit der spez. Wärme fester Körper

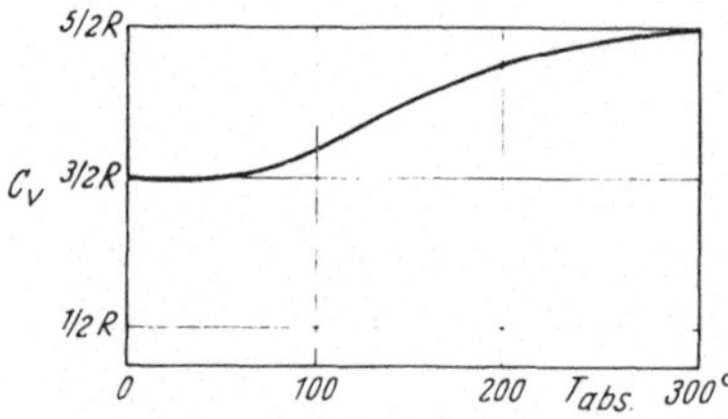

Abb. 23. Temperaturabhängigkeit der Molwärme zweiatomiger Gase

Das ist eine Folge der Tatsache, daß sich die Schwingungen der Massen der hantelförmigen Molekeln gegeneinander bemerkbar machen. Auch dies alles ergibt sich aus der Theorie.

3. Man braucht zur Erklärung des Leitungsvorganges in Metallen die Annahme, daß für jedes Atom ungefähr ein freies Elektron[1] im Metall vorhanden ist. Diese freien Elektronen bedingen die gute Leitung der Metalle für Wärme und Elektrizität. Pro Grammatom des Metalls sollte hiernach die spez. Wärme $3 R + \frac{3}{2} R = 9$ cal betragen. In Wirklichkeit beträgt sie 6 kleine Kalorien. Die freien Elektronen in den Metallen liefern demnach wider Erwarten anscheinend keinen Betrag zur spez. Wärme. Warum, das ist eine lange und schwierige Geschichte, die A. Sommerfeld (1868—1951) und W. Pauli enträtselt haben.

VII. Der Atomismus der Elektrizität

1. Ladung des Elektrons

Die elektrische Ladung stellt einen physikalischen Begriff dar, dessen Erforschung lange Zeit in Anspruch genommen hat. Daß es kleinste Mengen der elektrischen Ladung, Atome der Elektrizität geben muß, hat erst H. von Helmholtz aus den Faradayschen Gesetzen der Elektrolyse erschlossen. Bei diesem Vorgang der

[1] Siehe folgende Seiten.

40

Leitung des elektrischen Stromes, z. B. durch die Lösung eines Metall-Salzes, tritt an der negativen Elektrode eine Abscheidung des Metalls des Salzes ein. In der Lösung befinden sich die Metallatome mit einer positiven und die Säurereste mit einer negativen Ladung versehen als sog. „Ionen". Sie wandern unter der Wirkung des elektrischen Feldes in entgegengesetzten Richtungen bis zu den Elektroden, wo sie ihre Ladung abgeben. Die Wanderung der geladenen Ionen bedingt den Strom und den Materietransport. Die von M. FARADAY (1791—1867) experimentell gefundenen Gesetze dieses Vorganges lassen sich am einfachsten folgendermaßen aussprechen: Zur Abscheidung eines Grammatoms eines einwertigen[1] Metalls muß immer die gleiche Elektrizitätsmenge von rund $2{,}9 \cdot 10^{14}$ elektrostatischen Einheiten[2] oder 96500 Coulomb durch die Elektrolyten fließen. Ist das Metall zweiwertig, so beträgt diese Elektrizitätsmenge das Doppelte, bei einem dreiwertigen das Dreifache.

HELMHOLTZ schloß daraus, daß jedes einwertige Ion in der Elektrolyse die gleiche kleinste Ladung transportierte, jedes zweiwertige die doppelte usw. Die Ladung tritt also nur in ganzen Vielfachen einer kleinsten Ladung auf. Wie groß dieses Atom der Elektrizität ist, konnte HELMHOLTZ nicht sagen. Heute kann man es. Ein Grammatom enthält L Atome (Loschmidtsche Zahl). Ist die Ladung eines einwertigen Ions ε, so muß die Ladung eines Grammatoms eines einwertigen Elektrolyten $\varepsilon \cdot L = 2{,}9 \cdot 10^{14}$ elektrostatische Einheiten sein. Man kann auch sagen, daß $\frac{\varepsilon}{m} = 2{,}9 \; 10^{14}$ st. Einheiten pro g das Verhältnis der Ladung zur Masse eines Wasserstoffatoms ist. Da die Loschmidtsche Zahl bekannt ist, nämlich $6 \cdot 10^{23}$ Atome pro Grammatom, findet man für die Ladung $4{,}8 \cdot 10^{-10}$ st. Einheiten oder in Coulomb gemessen $1{,}6 \cdot 10^{-19}$ Coulomb. Das wäre die kleinste elektrische Ladung, die später den Namen „Elektron" erhielt. Mit dieser Beweisführung gab man sich indessen nicht zufrieden, weil die

---

[1] Einwertig heißt ein Metall, wenn 1 Atom des Metalls in einer chemischen Verbindung ein Wasserstoffatom ersetzen kann, zweiwertig, wenn es zwei Wasserstoffatome ersetzen kann usw.

[2] Eine elektrostatische Einheit ist dadurch definiert, daß sie eine gleichgroße von entgegengesetztem Vorzeichen im Abstand 1 cm mit der Kraft 1 Dyn anzieht.

Möglichkeit bestand, daß man damit nur einen Mittelwert der Ladung eines Ions gefunden hätte.

Es gelang indessen 1910 dem Amerikaner R. A. MILLIKAN (1868—1953) und ziemlich gleichzeitig dem Österreicher F. EHRENHAFT (1879—1950), diese Schwierigkeiten zu überwinden (Abb. 24). A und B seien zwei horizontale Metallplatten im Abstand a. Die obere A ist mit einem zentralen kleinen Loch versehen, durch das mit einem Zerstäuber erzeugte, winzige Öltröpfchen zwischen die Platten gebracht werden können. Die Tropfen erhalten beim Zerstäuben kleine elektrische Ladungen. Die Tröpfchen sind bei seitlicher Beleuchtung als helle Pünktchen im Mikroskop sichtbar und

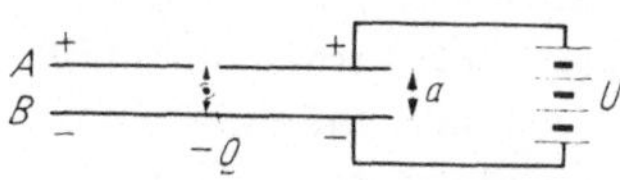

Abb. 24. Zur Bestimmung der Elementarladung nach MILLIKAN

fallen sehr langsam mit konstanter Geschwindigkeit infolge der großen Reibung in der Luft, und zwar um so langsamer, je kleiner ihr Durchmesser ist. Die Geschwindigkeit läßt sich messen und damit der Durchmesser eines Öltröpfchens ermitteln. Man kennt dann sein Volumen und, da die Dichte des Öls bekannt ist, auch seine Masse. Angenommen, die Ladung sei negativ und gleich Q. Legt man nun eine geeignete Spannungsdifferenz U (oben + unten —) an die Platten an, so daß die nach oben gerichtete elektrische Kraft auf das Tröpfchen, welche gleich ist QU/a, entgegengesetzt gleich ist dem nach unten gerichteten Gewicht $m \cdot g$ $(g = 981 \text{ cm/sec}^2)$, so schwebt das Tröpfchen. Daraus kann man die sehr kleine Ladung $Q = \dfrac{mga}{U}$ ermitteln. Dieses hier nur in den Hauptzügen geschilderte Verfahren zur Ladungsmessung ist äußerst empfindlich.

Man kann nun die an sich schon kleine Ladung dadurch um noch kleinere Beträge ändern, daß man zwischen den Platten, bei abgeschaltetem Feld, die Luft ionisiert. Das gelingt z. B. durch die Einwirkung von Röntgenstrahlen. Ein negatives Tröpfchen fängt sich dann ein oder einige positive Ionen, und man muß eine andere Spannung anlegen, um das Tröpfchen wieder zum Schweben zu bringen. So ergeben sich zahlreiche verschiedene Werte für aufeinanderfolgende Ladungen desselben Tröpfchens. Man

findet, daß diese Ladungen und ihre Änderungen stets ganze
Vielfache der gleichen kleinsten Ladung $4{,}8 \cdot 10^{-10}$ elektrostatische Einheiten betragen. Der heute genauer bekannte Wert
ist: $4{,}8024 \cdot 10^{-10}$ stat. Einheit oder $1{,}60199 \cdot 10^{-19}$ Coul. Die so
ermittelte Elementarladung kann man nun umgekehrt dazu ver-
wenden, um die Loschmidtsche Zahl aus der Faraday-Konstanten
zu finden.

2. Masse des Elektrons

Es fragt sich nun, ob diesem als „Elektron" bezeichneten
Elektrizitätsatom auch eine träge Masse zukommt.

Die Untersuchung der von J. PLÜCKER (1801—1868) entdeck-
ten Kathodenstrahlen hatte zu der Erkenntnis geführt, daß sie aus
einem Schwarm negativer Partikel
bestehen, die eine kinetische Ener-
gie $m \cdot v^2/_2 = \varepsilon\, U$ besitzen. ε und
m sind Ladung und Masse eines
Teilchens, U die durchlaufene
Spannung, zwischen Kathode und
Anode (Abb. 25). Hinter der
Anode A verläuft dann der un-

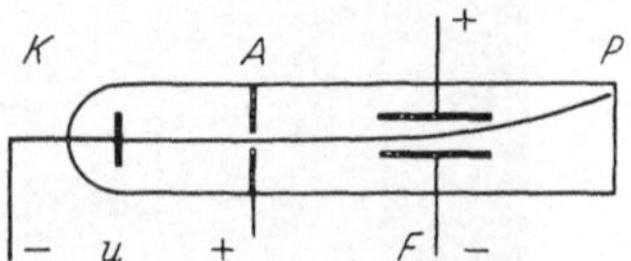

Abb. 25. Erzeugung von Kathodenstrahlen und Ablenkung
im elektrischen Feld

sichtbare Kathodenstrahl in einem kräftefreien Raum und
erzeugt auf dem Phosphoreszenzschirm P einen leuchtenden
Flecken. Bei Umkehr der Spannung tritt kein Strahl auf. Das
zeigt, daß die Teilchen negativ geladen sind. Der Strahl kann
durch ein elektrisches Querfeld F nach der positiven Elektrode
abgelenkt werden und ist auch durch ein magnetisches Feld, das
senkrecht zur Zeichenebene orientiert ist, nach oben oder unten
ablenkbar, je nach der Magnetfeldrichtung, genau wie ein negativer Strom, der von links nach rechts fließt. Abb. 26 zeigt einen
durch ein ausgedehntes Magnetfeld zu einem Kreise gebogenen
Kathodenstrahl. Der Strahl wird sichtbar, weil das Rohr etwas
Gas enthält. Mißt man den Radius des Kreises in einem bekannten
Magnetfeld und kennt man die beschleunigende Spannung, so
kann man das Verhältnis von Ladung zur Masse des Kathodenstrahlteilchens finden.

Die folgende Anordnung von F. KIRCHNER gestattet eine sehr
genaue Messung der Geschwindigkeit der Strahlen (Abb. 27).

Der zwischen K und A im hohen Vakuum beschleunigte Strahl tritt mit der Geschwindigkeit

$$1) \qquad v = \sqrt{\frac{2\,\varepsilon\,U}{m}}$$

durch eine Schlitzblende B_1 und das Plattenpaar C hindurch, durch-

Abb. 26. Ablenkung von Kathodenstrahlen im magnetischen Feld (aus Katalog von Leybold)

läuft eine Strecke l, geht durch die Blende B_2 und das Plattenpaar C_2 und trifft auf den Phosphoreszenzschirm P auf. Die Blenden und Ablenkplatten seien zunächst auf der Spannung Null. Nun legt man an die Platten eine hochfrequente, sinusförmige Wechselspannung mit der Scheitelspannung U_0 und der sehr hohen Frequenz v.

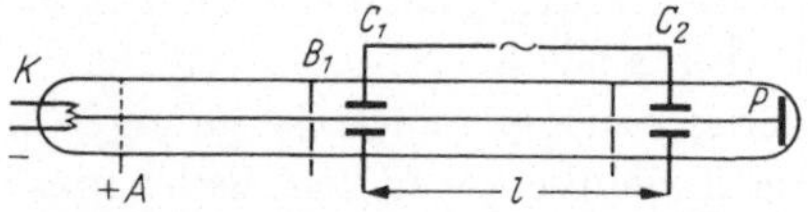

Abb. 27. Zur unmittelbaren Bestimmung der Geschwindigkeit der Kathodenstrahlteilchen (Elektronen) und ihrer spezifischen Ladung (nach Kirchner)

Der Strahl wird dann sehr schnell von oben nach unten und umgekehrt hin- und herpendeln und zweimal während einer Schwingungsdauer unabgelenkt durch den Plattenkondensator C_1 hindurchgehen, weil nach einer halben Schwingungsdauer die Ablenkungsspannung durch Null geht. Die Frequenz sei so gewählt, daß in der Zeit $\frac{\tau}{2} = \frac{1}{2\nu}$ gerade die Strecke l zwischen den beiden Ablenkungsfeldern von den Kathodenstrahlen durchlaufen wird. Dann findet ein Strahlteilchen den Kondensator C_2 beim Durchgang ebenfalls ungeladen vor, und der Schirm zeigt den Leuchtfleck in der gleichen Lage wie ohne Feld. Andernfalls spaltet der Lichtfleck in zwei symmetrisch gelegene Flecke auf. Man kann bei gegebener Länge l entweder die beschleunigende Spannung oder die Frequenz regeln, bis die beiden Leuchtflecke in einen verschmelzen. Dann gilt:

$$2) \qquad \frac{l}{\frac{\tau}{2}} = v \,.$$

Man findet weiter aus 1):

$$3) \qquad \frac{\varepsilon}{m} = \frac{v^2}{2\,U} \,.$$

Für nicht zu schnelle Kathodenstrahlen ergibt sich:

$$\frac{\varepsilon}{m} = 5{,}27 \cdot 10^{17} \, \frac{\text{Stat. Einh.}}{g} \,.$$

Vergleicht man diesen Wert mit dem aus der Elektrolyse bekannten Verhältnis der Ladung zur Masse eines Wasserstoffatoms:

$$\frac{\varepsilon}{m_{\mathrm{H}}} = 2{,}89 \cdot 10^{14} \, \frac{\text{Stat. Einh.}}{g} \,.$$

so führt die Annahme, daß die Ladungen in beiden Fällen die gleichen sind, zu dem Ergebnis:

$$\frac{m}{m_{\mathrm{H}}} = \frac{1}{1830} \,.$$

Die Elektronenmasse beträgt nur $\frac{1}{1830}$ der Masse eines Wasserstoffatoms, also rund $9 \cdot 10^{-28}$ g. Das Elektron ist das erste Elementarteilchen, das man kennengelernt hat.

Vielleicht könnte es zweifelhaft erscheinen, ob die Ladung des Elektrons identisch ist mit der Elementarladung eines einwertigen Ions. Man hat aber erstens gefunden, daß ganz unabhängig davon, wie die

Kathodenstrahlen erzeugt werden, der Wert von $\frac{\varepsilon}{m}$ stets derselbe ist.

Man hat zweitens nachweisen können, daß es die gleichen Elektronen sind, die in den Metallen den Stromdurchgang vermitteln. Diese Leitung findet ohne Materietransport statt, weil die Ladungsträger keine materiellen Ionen sind. Endlich ist die Ladung eines Kathodenstrahlteilchens durch einen sehr kunstreichen Versuch gemessen worden. Da nämlich die Elektronen in ganz unregelmäßiger Folge den Glühdraht verlassen, ist der Kathodenstrahlstrom nicht ein gleichförmiger Fluß. Er ist ein Gleichstrom, der von einem Wechselstrom überlagert wird. Dieser läßt sich so verstärken, daß er als Rauschen in einem Telephon hörbar wird (Schroteffekt). Damit kann man einen elektrischen Schwingungskreis von bekannter Eigenfrequenz zu Schwingungen erregen. Die am Kondensator des Schwingungskreises auftretende Wechselspannung ist abhängig von der Größe der Ladung der Teilchen, die den Schroteffekt verursachen, und diese kann aus jener ermittelt werden. Die Messung ergab, daß die Ladung des Kathodenstrahlteilchens mit der eines einwertigen Ions identisch ist.

Die Tatsache, daß Elektronen aus jeder Materie befreit werden können und eine winzig kleine Masse besitzen, zwingt zu dem Schluß, daß sie Bausteine aller Atome sind. Ein positives Ion ist ein Atom, dem ein oder einige Elektronen fehlen, ein negatives ist ein Atom, dem ein oder einige Elektronen angelagert sind.

3. Abhängigkeit der Masse von der Geschwindigkeit

Es mag merkwürdig erscheinen, daß Elektronen überhaupt eine träge Masse besitzen. Heute weiß man, daß jeder Energie eine bestimmte Masse äquivalent ist. Aus der speziellen Relativitätstheorie von A. EINSTEIN folgt, daß jeder Energie E eine Masse $\frac{E}{c^2} = m$ äquivalent ist. c ist hierbei die Lichtgeschwindigkeit $3 \cdot 10^{10}$ cm/pro sec.

Wenn E in Erg gemessen wird, und c in cm pro sec, erhält man m in g. Es ist sehr merkwürdig, daß schon J. R. MAYER (1814 — 1878), der Entdecker des Gesetzes von der Erhaltung der Energie, offenbar geahnt hat, daß die Sonne bei ihrer Ausstrahlung Masse verlieren müsse. Das klingt wie eine Vorahnung dieses fundamentalen Gesetzes.

Bestimmt man das Verhältnis von Ladung zur Masse für Elektronen immer größerer und größerer Geschwindigkeit, so ergibt sich, daß $\frac{\varepsilon}{m}$ immer kleiner und kleiner wird. Das ist eine Folge der

Geschwindigkeitsabhängigkeit der Masse. Die Masse wächst mit zunehmender Geschwindigkeit. Abb. 28 zeigt das Verhältnis von m/m_0, Masse bei der Geschwindigkeit v zur Ruhmasse, in Abhängigkeit von der Geschwindigkeit der Kathodenstrahlen (gemessen in Bruchteilen der Lichtgeschwindigkeit). Die Messungen verschiedener Beobachter stimmen damit ausgezeichnet überein. Die Kurve entspricht der Formel:

$$\frac{m}{m_0} = \frac{1}{\sqrt{1 - \dfrac{v^2}{c^2}}}.$$

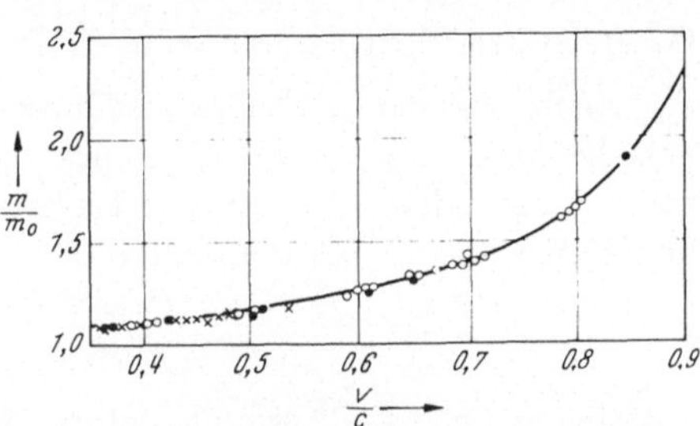

Abb. 28. Abhängigkeit der Masse des Elektrons von der Geschwindigkeit

Elektronen, die mit 500 000 Volt beschleunigt wurden, haben eine Geschwindigkeit von $v = 0{,}865\ c$, und die Masse ist dann schon das Doppelte der Ruhmasse. Wäre die Geschwindigkeit gleich der Lichtgeschwindigkeit, so wäre die Masse unendlich groß. Die Lichtgeschwindigkeit kann also nicht erreicht, geschweige denn überschritten werden. Sie spielt in der Physik die Rolle einer oberen Grenzgeschwindigkeit.

Die Abhängigkeit der Masse von der Geschwindigkeit ist eine Folge des Einsteinschen Satzes von der Äquivalenz von Masse und Energie. Solange v klein ist gegen c, kann man angenähert schreiben:

$$m = \frac{m_0}{\sqrt{1 - \dfrac{v^2}{c^2}}} \cong \frac{m_0}{1 - \dfrac{v^2}{2\,c^2}}$$

$$= m_0 \left(1 + \frac{v^2}{2\,c^2}\right) = m_0 + \frac{m_0 v^2}{2\,c^2} = m_0 + \frac{\varDelta E}{c^2},$$

woraus man ersieht, daß die Masse m die Summe aus der Ruhmasse m_0 und $\dfrac{\varDelta E}{c^2}$ ist. Dies ist ein Spezialfall der Einsteinschen Beziehung, wonach die Zunahme der kinetischen Energie mit der Zunahme an träger Masse verknüpft ist: $\varDelta m = \dfrac{\varDelta E}{c^2}$. Die gleiche Abhängigkeit der Masse von der Geschwindigkeit muß für alle Massen gelten, nicht nur für die Masse des Elektrons. Heute ist das auch für sehr rasche Atome nachgewiesen.

4. Radius des Elektrons

Die Frage, wie groß ein Elektron ist, ist noch heikler als die nach der Größe der Atome. Man hat sie folgendermaßen zu beantworten gesucht. Stellt man sich das Elektron als kleine Kugel mit dem Radius r und der Ladung ε vor, so ist nach den Gesetzen der Elektrostatik seine elektrische Energie $E = \dfrac{\varepsilon^2}{r}$ (bis auf einen von der Ladungsverteilung abhängigen, von 1 wenig verschiedenen Zahlenfaktor). Dies muß gleich sein der Ruhmasse m_0 mal dem Quadrat der Lichtgeschwindigkeit c^2. Hieraus findet man für den Elektronenradius:

$$r = \frac{\varepsilon^2}{m_0 \, c^2} \, .$$

Dies liefert: $r \sim 10^{-13}$ cm, also einen Wert, der etwa 100 000 mal so klein ist wie der Radius der Atome. Das paßt gut für ein Elementarteilchen, das ein Baustein der Atome ist. Trotz der etwas problematischen Begründung ist dieser klassische „Elektronenradius" berufen, eine wichtige Rolle zu spielen. Wahrscheinlich verliert der Begriff der Länge unterhalb dieser Größe überhaupt jeden physikalischen Sinn.

5. Zahl der Elektronen im Atom

Läßt man Röntgenstrahlen, also ein sehr kurzwelliges Licht, auf Materie fallen, so werden nach üblichen Vorstellungen die Elektronen in den Atomen zu erzwungenen Schwingungen veranlaßt werden, die mit derselben sehr hohen Frequenz erfolgen werden, die die Röntgenstrahlen besitzen. Infolge davon tritt eine seitliche Zerstreuung der Strahlung mit unveränderter Frequenz auf, und man kann messen, welcher Bruchteil der einfallenden Energie von einem Gramm irgendeiner Materie zerstreut wird. Es ergibt sich, daß dieser Bruchteil für nicht zu kurzwellige Röntgenstrahlung und leichte Elemente als streuende Substanzen stets gleich groß ist, und zwar 0,2 der einfallenden Energie. Nur Wasserstoff streut doppelt soviel. Da die Elektronen als Streuzentren wirken, ist es plausibel anzunehmen, daß der von einem Gramm gestreute Bruchteil proportional dem Wirkungsquerschnitt sämtlicher Atomelektronen im Gramm sein wird.

Dieser ist aber $Z \cdot L \cdot \pi\, r^2$ im Grammatom, also in A. Gramm, und $Z \cdot L\, \pi \cdot r^2/A$ in einem Gramm. Z ist die Zahl der Elektronen in einem Atom, L ist die Zahl der Atome im Grammatom und r ist der Elektronenradius $\dfrac{\varepsilon^2}{m\,c}$. Für verschiedene Elemente wird deshalb der gestreute Bruchteil nur von der Größe des Faktors Z/A abhängen. Da der von einem Gramm irgendeines Elementes gestreute Bruchteil der einfallenden Strahlung immer der gleiche ist, folgt, daß Z/A für alle Elemente den gleichen Wert besitzt, nur für Wasserstoff ist Z/A doppelt so groß. Es ergibt sich ungefähr: $Z/A = {}^1/_2$ für alle leichten Elemente und 1 für Wasserstoff.

Das Wasserstoffatom muß deshalb ein Elektron enthalten, weil sein Atomgewicht gleich 1 ist. Im Heliumatom ($A = 4$) müssen 2, im Kohlenstoffatom ($A = 12$) 6 Elektronen usw. enthalten sein. Das Ergebnis ist sehr bemerkenswert. Die Stelle im Periodensystem, an der ein Element steht, gibt die Zahl seiner Elektronen an. Das gilt, wie man heute weiß, für alle Atome, auch für die schweren, obwohl bei diesen die Beziehung $Z/A = {}^1/_2$ nicht mehr streng erfüllt ist. Zum Beispiel hat Uran, das 92. Element, 92 Elektronen, aber sein Atomgewicht ist nicht 184, sondern höher, nämlich 238. Je höher das Atomgewicht ist, um so größer ist die Abweichung von der obigen Regel.

6. Das Kreiselelektron

Es gibt, wie wir später genauer sehen werden, eine Reihe von Phänomenen, die erklärt werden können, wenn man annimmt, daß ein Elektron im Atom wie ein Kreisel rotiert. Der Drehimpuls, so heißt das Produkt aus dem sog. Trägheitsmoment und der Winkelgeschwindigkeit der Rotation, hat die Größe $\dfrac{1}{2}\,\dfrac{h}{2\pi}$ wobei h das Wirkungsquantum[1] ist.

7. Ionenstrahlen, Kanalstrahlen, Massenspektrographie

Positive Ionen können natürlich auf ähnliche Weise wie Elektronen durch elektrische Felder beschleunigt werden. Man erhält dann sog. Ionenstrahlen. Bei elektrischen Entladungen in verdünnten Gasen wurden positive Ionenstrahlen zuerst von E. GOLDSTEIN (1850—1931) entdeckt. Die Ionen entstehen zwischen Anode und Kathode durch Elektronenstoß, werden durch das elektrische Feld auf die Kathode zu beschleunigt und treten durch

---

[1] Siehe Seite 57.

eine Bohrung in der Kathode in einen feldfreien Raum, in dem sie untersucht werden können. GOLDSTEIN gab diesen Strahlen den Namen *Kanalstrahlen* (Abb. 29). W. WIEN (1864—1928) hat durch Ablenkung in magnetischen und elektrischen Feldern, analog wie bei Kathodenstrahlen das Verhältnis ihrer Masse zu ihrer Ladung

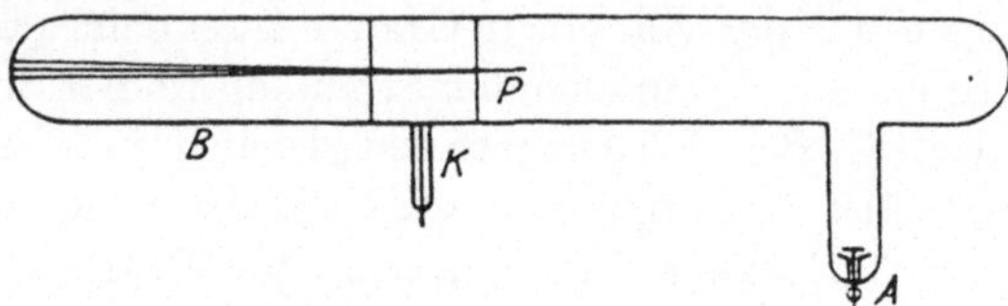

Abb. 29. Erzeugung von Kanalstrahlen

und ihre Geschwindigkeit bestimmt. Er fand, daß das Verhältnis von Ladung zu Masse von etwa der gleichen Größe ist, wie bei den Ionen in der Elektrolyse. Je nach der Art des Füllgases kommen verschiedene Ionenarten in den Kanalstrahlen vor. Aus den ersten Versuchen von WIEN hat sich im Laufe der Zeit die

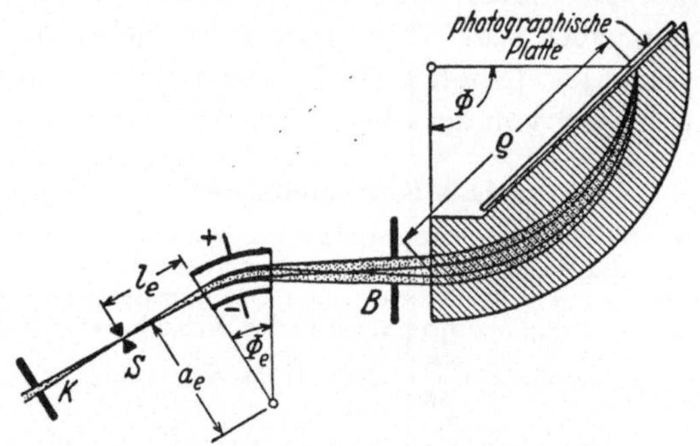

Abb. 30. Massenspektrograph (nach MATTAUCH)

sog. Massenspektroskopie durch die Arbeiten von J. J. THOMSON (1857—1939), F. W. ASTON (1877—1944) und anderen entwickelt. J. MATTAUCH und seine Schüler haben sie zu großer Vollkommenheit gebracht. Den Mattauchschen Massenspektrographen zeigt schematisch Abb. 30. Das divergente Kanalstrahlenbündel passiert den engen Spalt S und wird durch ein elektrisches Radialfeld und ein senkrecht dazustehendes ausgedehntes Magnetfeld so abgelenkt, daß alle Strahlteilchen der gleichen Masse, aber verschiedener Geschwindigkeit und Richtung an einer und derselben Stelle einer photographischen Platte gesammelt werden. Beim Auftreffen wird die photographische Schicht ähnlich verändert, wie durch Licht, so daß nach dem Entwickeln eine Schwärzung entsteht. Man erhält so viele getrennte Spaltbilder (Massenlinien) als Atomionen und Molekülionen verschiedener Art im Strahl enthalten sind und kann aus ihrer Lage auf der Platte die Masse der Ionen mit weit größerer Genauigkeit bestimmen, als die Chemiker Atom- und Molekulargewichte bestimmen. Es gibt kaum einen schlagenderen Beweis für die Richtigkeit der Atomvorstellung als die diskrete Folge von Linien eines solchen Massenspektrogramms. Man fand, daß ein einheitliches Element in Wirklichkeit meist verschiedene Atomarten enthält, die man *Isotope* nannte. Sie gehören an die gleiche Stelle des Periodischen Systems, besitzen also gleich viele Elektronen, unterscheiden sich aber durch das Atomgewicht, z. B. gibt es zwei verschiedene Arten von Chloratomen, eines mit der genauen „Massenzahl" 34,98227 und eines mit der Massenzahl 36,97766 bezogen auf die genau ganzzahlig festgesetzte Massenzahl des häufigsten Sauerstoffisotops O = 16. Das Mischungsverhältnis ist 24,6% des leichteren zu 75,4% des schwereren Isotops, woraus das nicht ganzzahlige Atomgewicht des Chlors 35,457 folgt. Die Massenzahlen der Isotopen sind dagegen, wie auch in diesem Beispiel, fast genau ganzzahlig. W. PROUT (1775—1850) hatte schon die Vermutung ausgesprochen, daß alle Atome aus den leichtesten, den Wasserstoffatomen, aufgebaut seien. Die Atomgewichte sollten dann ganze Vielfache des Atomgewichtes des Wasserstoffs sein. Da dies nicht ganz der Fall ist, hatte die Hypothese von PROUT zunächst keinen Erfolg. Die Entdeckung der Isotopen brachte sie, wie wir sehen, wieder zu Ehren. Atome verschiedener Elemente können unter Umständen auch nahezu die gleiche Masse haben. Solche Atome nennt man *isobar*. Abb. 31 und Abb. 32 zeigen einige Beispiele von Massenspektren. Meist überwiegt bei den Elementen eine Atomart stark. So gibt es außer dem Wasserstoff mit der Massenzahl 1,00898 noch einen mit der Massenzahl 2,01474 und einen weiteren mit 3,01698. Im Gemisch ist das erste mit 99,986% vertreten, das zweite mit 0,014% und das dritte sogar nur mit $^1/_{10000}$%.

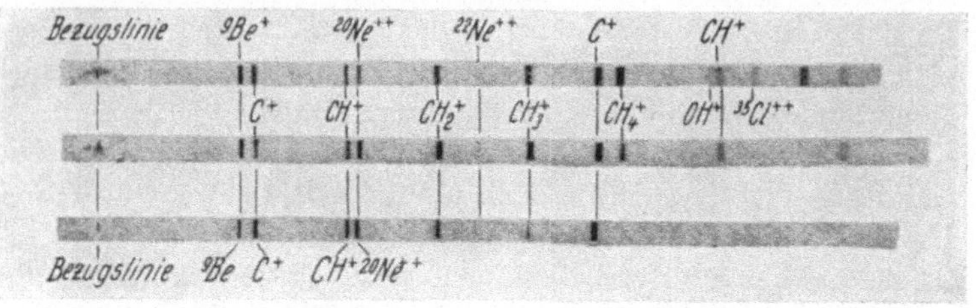

Abb. 31. Massenspektrum (nach MATTAUCH)

In der Natur sind die Atomarten so gut durchmischt, daß im allgemeinen nur sehr kleine Unterschiede in dem Mischungsverhältnis der Isotopen gefunden werden, wenn man Proben

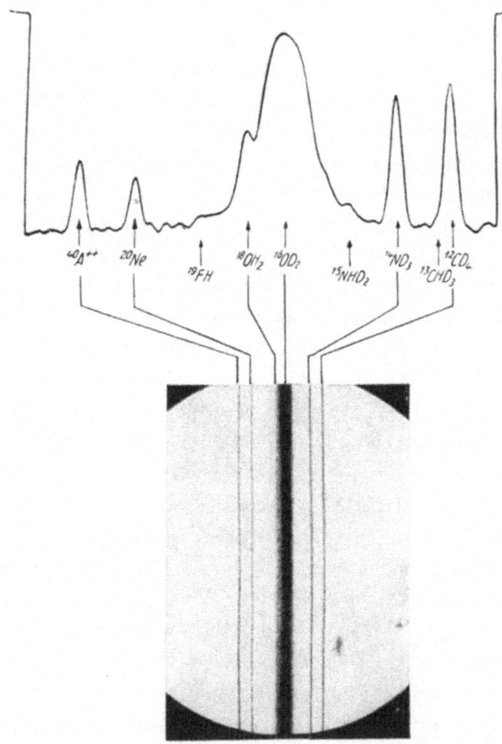

Abb. 32. Massenspektrum von Teilchen gleicher Bruttomasse (nach MATTAUCH)

52

verschiedenen Ursprungs untersucht. Sogar in den Meteoriten sind
die Mischungsverhältnisse praktisch die gleichen wie auf der Erde.

Doch gibt es Ausnahmen. Wir führen eine der eindruckvollsten
an. Das Rubidium ist ein Element der Ordnungszahl $Z = 37$,
das aus zwei Isotopen mit den Massenzahlen 85 und 87 besteht.
Rb 85 ist zu rund 73%, Rb 87 zu 27% im Gemisch enthalten.

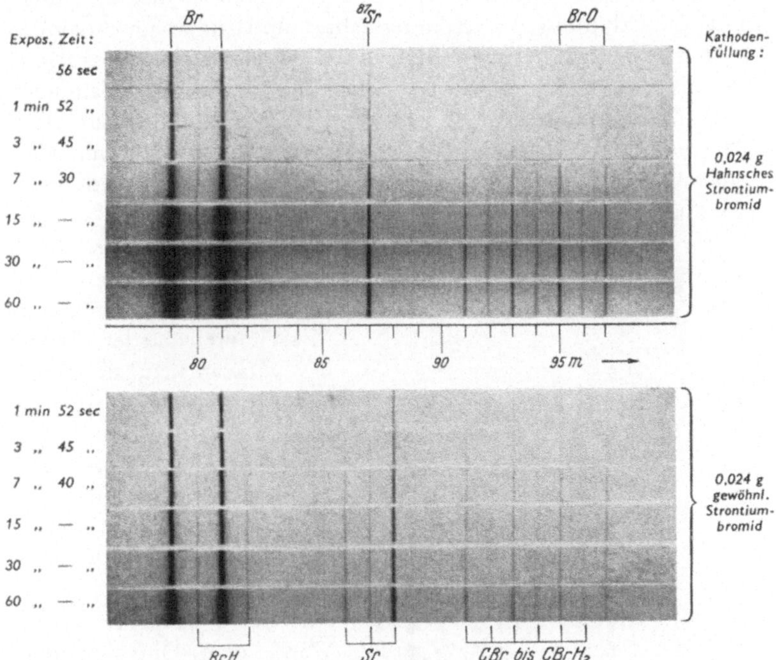

Abb. 33. Massenspektrum von normalem Strontium und von Strontium, das aus Rubidium durch Zerfall entstanden ist (nach MATTAUCH)

Rb 87 ist radioaktiv (die Atome zerfallen spontan unter Aussendung von Elektronenstrahlen). Das in der Ordnungszahl nächst-
höhere Nachbarelement ist Strontium ($Z = 38$). Dieses besitzt
vier Isotope (mit den Massenzahlen 84, 86, 87, 88). Sr 87 ist
isobar mit Rb 87. Aus einem an Rubidium reichen, geologisch
alten Glimmer, der nur Spuren von Strontium enthält, isolierten
in mühevoller Arbeit O. HAHN, F. STRASSMANN und E. WALLING

53

einige mg Strontium. J. MATTAUCH untersuchte dieses Strontium massenspektrographisch. Abb. 33 zeigt das Ergebnis. Während das normale Strontium die drei stärksten Isotopen 86, 87, 88 erkennen läßt, findet man in dem aus dem Glimmer gewonnenen Strontium *nur* eine Masse 87, die demnach allein aus der radioaktiven Umwandlung des Rb 87 entstanden ist. Die Ausstrahlung eines Elektrons hat den Verlust einer negativen Elementarladung oder die Erhöhung der Ordnungszahl Z um 1 zur Folge. Analoge Unterschiede im Atomgewicht sind seit langem beim Blei bekannt, das als Endprodukt bei den altbekannten radioaktiven Familien des Thoriums, Uran-Radiums und Uran-Actiniums mit den Massenzahlen 208, 206 und 207 auftritt. Blei radioaktiven Ursprungs hat also auch eine andere Isotopenzusammensetzung und ein anderes Atomgewicht als gewöhnliches Blei.

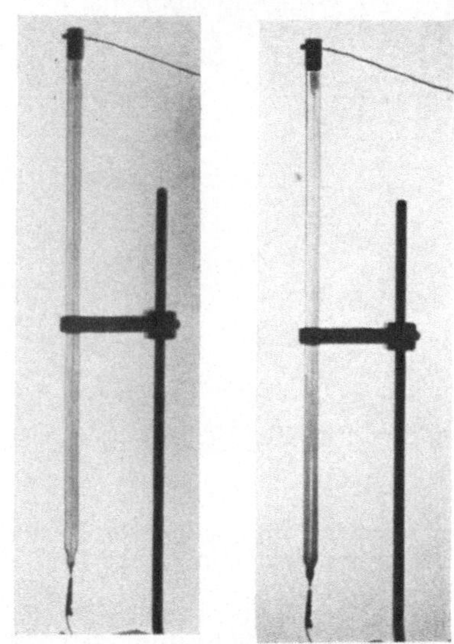

Abb. 34a u. b. Demonstrationsversuch von CLUSIUS zur Wirkungsweise des Trennrohres

Alle Verfahren zur Trennung der Isotopen aus ihrem Gemisch beruhen auf ihren Massenunterschieden. Eines der wirksamsten, das sog. Trennrohrverfahren, ist 1938 von K. CLUSIUS und G. DICKEL entwickelt worden. Es beruht auf einem Vorgang, den man als *Thermodiffusion* bezeichnet. Er besteht darin, daß zwischen einer heißen und einer kalten Wand eine Diffusion der leichten Bestandteile eines Gasgemisches bevorzugt nach der heißen, der schweren nach der kalten Wand hin stattfindet. Der Effekt ist nur klein, und die gewöhnliche Diffusion, die im Sinne einer gleichmäßigen Verteilung wirkt, arbeitet der Thermodiffusion entgegen. Es wird daher bald ein Gleichgewicht erreicht, wobei die in der

Zeiteinheit durch Thermodiffusion hervorgerufene Entmischung durch die gewöhnliche Diffusion gerade wieder rückgängig gemacht wird. Um den Einfluß der gewöhnlichen Diffusion zu verhindern, benutzen CLUSIUS und DICKEL einen Kunstgriff. Sie verwenden ein sehr langes Glasrohr von einigen cm Durchmesser mit einem längs der Achse gespannten Draht, der auf einige 100° geheizt wird, und stellen das mit dem Gasgemisch gefüllte Rohr senkrecht auf. Am warmen Draht steigt dann das Gas durch Konvektion nach oben, und an der kalten Wand sinkt es nach unten. Zwischen beiden einander entgegenströmenden Gasströmen erfolgt dauernd Thermodiffusion. Der leichtere Bestandteil geht bevorzugt an den heißen Draht und nach oben, der schwere nach der kalten Wand und damit nach unten. Bei sehr langen Trennrohren und genügend langen Betriebszeiten gelang es so z. B. die beiden Chlorisotopen praktisch quantitativ zu trennen. Oben und unten konnten die reinen Bestandteile abgezapft werden.

Eine hübsche Demonstration des Prinzips gelingt nach CLUSIUS mit einem Gemisch aus gleichen Teilen des leichten Gases Helium und des schweren braunen Bromdampfes. Abb. 34a zeigt das gleichmäßig braune Gasgemisch im Trennrohr. Nachdem der zentrale Draht 5 min lang geglüht hatte, befand sich das Brom z. T. verflüssigt unten und das Helium oben (Abb. 34b). Im unteren Teil glüht der Draht stark, weil der Bromdampf die Wärme schlecht leitet.

VIII. Korpuskularnatur des Lichtes, das „Photon"

Das Verhalten der Ionen- und Elektronenstrahlen konnte so vollständig durch ihre korpuskulare Natur beschrieben werden, daß ein Zweifel an der Richtigkeit dieser Vorstellung nicht möglich schien. Ebenso eindeutig hatte die ganze Forschung des 18. und 19. Jahrhunderts bei der Frage nach dem Wesen des Lichtes der Wellentheorie zum Siege verholfen. Zahllos sind die für einen Wellenvorgang kennzeichnenden Interferenz- und Beugungserscheinungen, die nicht nur mit sichtbarem Licht, sondern auch mit Licht aller Wellenbereiche, von den langwelligen elektrischen Wellen bis zu den kurzwelligen Röntgenstrahlen jenseits des Wahrnehmungsvermögens des Auges ausgeführt werden konnten. Wellenlängenmessungen größter Präzision konnten aus Interferenz- und Beugungserscheinungen gewonnen werden.

Aber schon seit dem Ende des 19. Jahrhunderts lagen eine Anzahl neuer Erfahrungen vor, welche sich dieser Vorstellung nicht fügen wollten, doch waren sie zunächst noch zu sehr vereinzelt, als daß sie mit dem Riesenbestand der gesicherten Erfolge auf dem Gebiete der Wellenoptik wesentlich hätten wetteifern können.

1. Strahlungsgesetz und Energiequanten

Jeder heiße Körper sendet Strahlung aus. Das Spektrum der Strahlung ist ein kontinuierliches. Die Strahlung enthält also alle möglichen Wellenlängen im Ultraroten, im Sichtbaren und auch im Ultravioletten. Doch hängt die Verteilung der ausgesandten Energie auf die Wellenlängen von der absoluten Temperatur des Körpers ab. Bei nicht sehr hoher Temperatur wird merklich nur ultrarote Strahlung ausgesandt, die wir als Wärme empfinden, wenn sie unseren Körper trifft. Mit steigender Temperatur tritt auch sichtbares Licht hinzu und bei hoher in stärkerem Maße ultraviolettes. Je höher die Temperatur, um so größer ist die in der Zeiteinheit ausgestrahlte Gesamtenergie. Die Verteilung der Energie auf die Wellenlängen ist unabhängig von der Natur des Körpers, wenn es sich um einen sog. „schwarzen" Körper handelt, d. h. einen Körper, der die Eigenschaft hat, jede auffallende Strahlung vollständig zu absorbieren. Man kann den schwarzen Körper nach W. WIEN und O. LUMMER (1860—1925) durch einen geheizten Hohlraum mit einem kleinen Loch, aus dem die Strahlung austritt, realisieren. Nachdem G. R. KIRCHHOFF (1824 bis 1887), L. BOLTZMANN und W. WIEN grundlegende Gesetze der Temperaturstrahlung des schwarzen Körpers gefunden hatten, bemühten sich viele Forscher, darunter hauptsächlich W. WIEN, Lord RAYLEIGH u. a. die Funktion, welche die Abhängigkeit der Energie von der Wellenlänge darstellt, aus den Gesetzen des Elektromagnetismus und der Thermodynamik zu gewinnen.

Diese Abhängigkeit ist in Abb. 35 für verschiedene Temperaturen
des schwarzen Körpers dargestellt. Nachdem schon WIEN er-
kannt hatte, daß die richtige Strahlungsformel nicht ohne besondere Zusatzannahmen gewonnen werden konnte, stellte M.PLANCK
(1858—1947) 1900 auf Grund vorliegender Messungen in der
Reichsanstalt eine Formel auf,
welche die Messungen ausgezeichnet wiedergab und begründete sie
dann in einer berühmten Arbeit.
Hierbei führte er die ganz neuartige
Annahme ein, daß die schwingungs-
fähigen Elektronen in den Atomen,
wenn sie Strahlung absorbieren oder
aussenden, die Energie stets in
gewissen ganzen Portionen, sog.
Energiequanten aufnehmen und abgeben, die proportional sind der
charakteristischen Schwingungszahl
v der Elektronen. Die Proportio-
nalitätskonstante nannte er h. Das
Energiequant ist demnach $E = h\,v$.
Diese fundamentale Annahme der
Quantentheorie widerspricht voll-

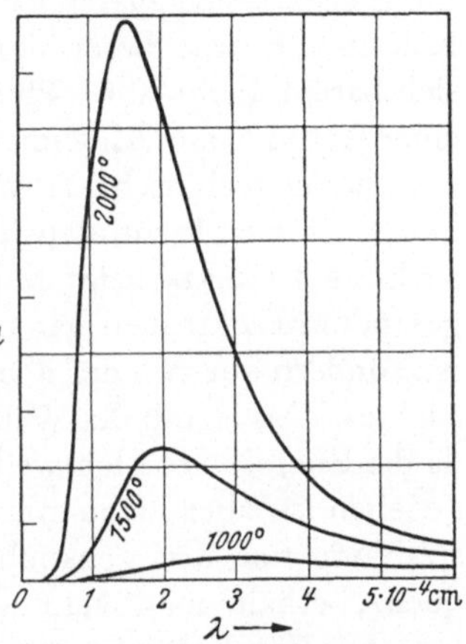

Abb. 35. Zum Strahlungsge-
setz des schwarzen Körpers

ständig der früheren Vorstellung vom Strahlungsvorgang, nach
der die Energieaufnahme und Ausstrahlung eines schwingungs-
fähigen Elektrons wie bei der Antenne der drahtlosen Telegraphie
kontinuierlich erfolgen sollte. Die Größe der Konstanten h
konnte PLANCK aus vorliegenden Strahlungsmessungen am
schwarzen Körper berechnen. Sie beträgt $6{,}625 \cdot 10^{-27}\,\text{erg} \cdot \text{sec}$ und
hat die Dimension einer sog. *Wirkung*, d. h. *Energie mal Zeit*.
PLANCK nannte diese Größe deshalb „*Wirkungsquantum*". Das
Wirkungsquantum hat der Physik des 20. Jahrhunderts ein neues
Gesicht gegeben. Daß PLANCK diese Größe aus einer so
komplexen Erscheinung, wie der Temperaturstrahlung erschlossen
hat, zeigt, daß jede große theoretische Entdeckung nicht einfach
als Folge eines Experimentes sich ergibt, sondern ein geistiger
Schöpfungsakt ist.

2. Der lichtelektrische Effekt

P. Lenard (1862—1947) hatte bei der Untersuchung des lichtelektrischen Effektes eine merkwürdige Tatsache festgestellt. Der lichtelektrische Effekt besteht darin, daß eine auf negativer Spannung befindliche Metallplatte bei Bestrahlung mit kurzwelligem Licht Elektronen aussendet. Bei den Alkalimetallen Natrium und Kalium z. B. tritt dieser Vorgang auch schon bei Bestrahlung mit sichtbarem Licht auf. Photozellen, evakuierte Glasballons mit einer Kathode aus Alkalimetall und einer Anode aus Platin haben mancherlei technische Anwendung gefunden. Der Elektronenstrom ist der Lichtintensität genau proportional. Die Untersuchung Lenards zeigt nun, daß die *kinetische Energie* der ausgesandten Elektronen gar nicht von der *Lichtintensität* abhängig ist, sondern nur von der *Wellenlänge* oder *Frequenz* des einfallenden Lichtes. Das ist mit der Wellentheorie des Lichtes nicht vereinbar, da die Energie der Lichtwellen durch das Quadrat der Amplitude gegeben ist, aber nichts mit der Wellenlänge zu tun hat. Bei Bestrahlung mit Röntgenstrahlen, also Licht von sehr hoher Frequenz, erhält man sehr große Elektronengeschwindigkeiten. Lenards Ergebnis war, genauer gesagt, daß die kinetische Energie der Photoelektronen proportional der einfallenden Lichtfrequenz ist. Doch gibt es für jedes Metall eine kleinste Frequenz oder größte Wellenlänge, die noch lichtelektrisch wirksam ist. Mit hinlänglich kurzwelligem Licht erhält man auch bei sehr kleiner Lichtintensität schon nach unmerklich kurzer Zeit der Bestrahlung eine wenn auch schwache Elektronenemission. Diese Ergebnisse standen in Widerspruch zu den Erwartungen. Nach der Auffassung der Wellentheorie ist die pro Sekunde auf ein Atom auffallende Lichtenergie proportional dem Querschnitt des Atoms. Der Atomquerschnitt ist aber so klein, daß es selbst bei einer sehr starken Lichtbestrahlung viele Stunden dauern müßte, bis das Atom der Lichtwelle soviel Energie entzogen hätte, daß diese ausreichte zur Auslösung eines Elektrons der beobachteten Energie. Tatsächlich tritt aber der Elektronenaustritt sofort nach Beginn der Bestrahlung auf.

A. Einstein erkannte, daß Lenards Ergebnisse nur die eine Deutung zuließen, daß das Licht selbst eine korpuskulare Natur besitzt, aus Photonen der Energie $h\nu$ besteht. Bei solch einem Hagel von vielen Geschossen kommt es für die Elektronen-emission nur darauf an, daß ein genügend energiereiches Photon ein Atom trifft, was sofort geschehen kann. Die kinetische Energie müßte dann (Energieerhaltungsgesetz) mit der Licht-frequenz durch die Beziehung:

$$A + \frac{m\,v^2}{2} = h\nu$$

verknüpft sein, wobei A die noch zu leistende Arbeit der Elek-tronen beim Verlassen des Metalls, die sog. Austrittsarbeit be-deutet. Die langwellige oder kleinste Frequenz ν_g des Photo-effektes wäre dann durch

$$h\,\nu_g = A$$

gegeben. Die Ergebnisse werden durch diese Annahmen richtig gedeutet. Die Zeit, die vergeht, bis das gleiche Atom zum zweiten-mal von einem Photon getroffen wird, kann Stunden betragen. Sie ist gerade so lang wie die für das Auftreten des Photoeffektes nach Beginn der Bestrahlung nach der Wellenvorstellung errech-nete Wartezeit. Durch sehr genaue Messung der kinetischen Energie der Elektronen bei Bestrahlung einer Kaliumkathode mit Licht verschiedener bekannter Wellenlängen, konnte MILLIKAN die Einsteinsche Gleichung quantitativ prüfen und eine Bestim-mung des Wirkungsquantums ausführen.
Er fand eine gute Übereinstimmung mit dem Planckschen Wert. Der lichtelek-trische Effekt mit den kurzwelligen Röntgenstrahlen oder Gammastrahlen des Radiums an Gasmolekülen erlaubt noch in sehr anschaulicher Weise die Quantennatur dieses kurzwelligen Lich-tes zu zeigen. Man läßt ein Röntgen-oder γ-Strahlbündel in eine sog. Wilson-

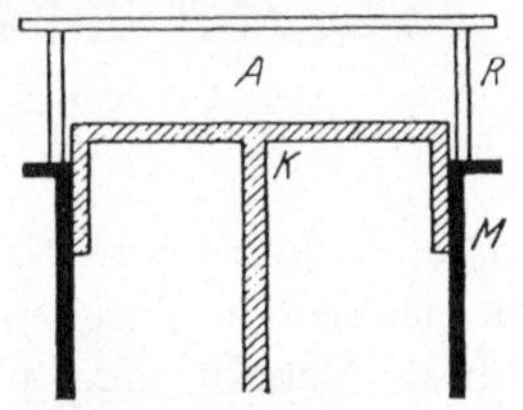

Abb. 36. Nebelkammer
(nach WILSON)

sche Nebelkammer eintreten (Abb. 36) (C. T. R. WILSON). Das ist eine mit Luft gefüllte zylindrische Kammer. Die Luft ist mit Wasserdampf gesättigt. Der Boden der Kammer ist beweglich, so, daß das Volumen der Kammer rasch vergrößert werden kann. Bei dieser Expansion kühlt sich die Luft in der Kammer ab, und infolgedessen fällt Wasser in Form von vielen kleinen Tropfen, also als Nebel, aus. Dies erfolgt jedoch nur, wenn die Luft Kondensationskerne, z. B. Staubteilchen enthält. In staubfreier Luft entsteht also kein Nebel. Läßt man aber kurz vor der Expansion irgendwelche ionisierende Strahlen durch die Kammer gehen, so dienen die gebildeten Ionen als Kondensationskerne.

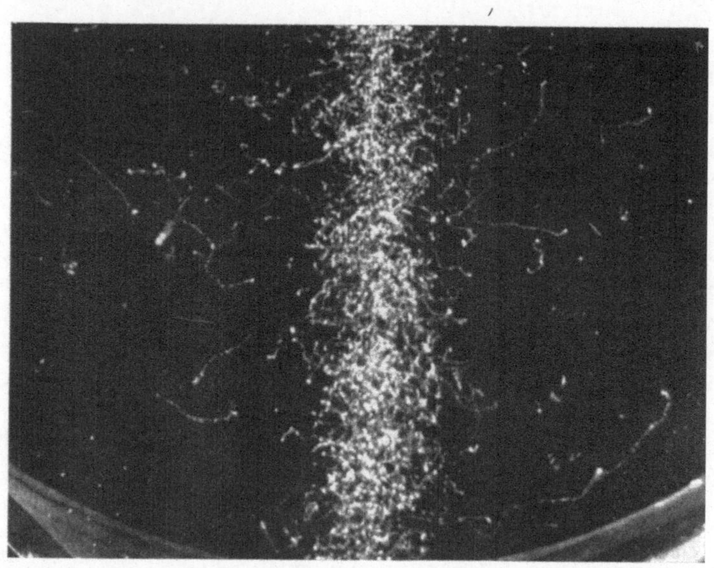

Abb. 37. Nebelspuren, erzeugt durch Röntgenstrahlen

Die entstehenden Nebelstreifen zeigen also die Bahnen der ionisierenden Teilchen an. Bei seitlicher Beleuchtung kann man diese Nebelstreifen photographieren. Abb. 37 zeigt nun das Nebelbild kurz nach Durchgang einer solchen kurzwelligen Röntgenstrahlung. Die Röntgenstrahlen haben Elektronen aus den Atomen befreit (lichtelektrischer Effekt) und diese haben auf ihren endlichen gekrümmten Wegen das Gas ionisiert. Auf diese Weise sind die gekrümmten Spuren entstanden. Eine Wellenvorstellung der Röntgenstrahlen ist mit dem erhaltenen Bilde unvereinbar. Es sieht vielmehr so aus, wie man erwarten würde, wenn nur hier und da ein Lichtquant ein Atom so wirksam trifft, daß die Energie des Lichtquants aufgebraucht und dafür ein Elektron aus dem Atom herausgeschleudert wird. Das ist gerade die Vorstellung, die man sich nach der Quantentheorie vom lichtelektrischen Effekt macht. Die Spurlängen werden um so größer, je härter die Röntgenstrahlen sind. Harte Röntgenstrahlen sind solche mit kurzer Wellenlänge oder hoher Frequenz oder großen Lichtquanten $h\nu$. Die Energie der ausgelösten Elektronen wird dann auch groß und ebenso die Spurlängen, die sie durchlaufen können, bis ihre Energie durch Ionisationsarbeit aufgezehrt ist. Die Krümmung der Spuren kommt durch die Ablenkung der Elektronen zustande, die sie, falls sie nicht sehr schnell sind, durch die elektrischen Felder der Atome erhalten. Schwächt man die Intensität der Röntgenstrahlen ab, ohne ihre Härte zu ändern, so nimmt nur die Zahl der Spuren ab, nicht aber ihre Länge. Alles dies ist mit der Quantenvorstellung in voller Übereinstimmung. Die kühne Hypothese EINSTEINs, die die ganze Wellentheorie des Lichtes in Frage zu stellen schien, hatte einen großen Triumph erlebt, aber auch einen Riß in das physikalische Weltbild hineingebracht, der mit der Zeit noch größer werden sollte.

3. Erzeugung von Röntgenstrahlen

Der umgekehrte Vorgang wie der Photoeffekt ist die Erzeugung von Röntgenstrahlen durch Abbremsung von Kathodenstrahlen beim Auftreffen auf die Anode des Röntgenrohres. Es entsteht dabei ein kontinuierliches Röntgenspektrum, das bei einer bestimmten kürzesten Wellenlänge abbricht. Während beim Photoeffekt die Photonenenergie in Austrittsarbeit und Bewegungsenergie der Elektronen umgesetzt wird, tritt bei der Röntgenbremsstrahlung die Umwandlung von kinetischer Energie der Elektronen in Röntgenlicht ein. Wird die *Gesamtenergie* der Elektronen, welche die Spannung U durchlaufen haben, in Photonenenergie der Röntgenstrahlung verwandelt, so entsteht offenbar das bei der vorliegenden Energie der Kathodenstrahlen $\dfrac{m\,v^2}{2} = e\,U$ kurzwelligste Röntgenquant, und dessen Frequenz ν_{max} muß durch $e\,U = h\,\nu_{max}$ gegeben sein. Da man die höchste auftretende Röntgenfrequenz oder kürzeste Wellenlänge mit Röntgenspektrographen ermitteln kann und auch hier die beschleunigende Spannung sehr genau meßbar ist, ergibt sich hieraus die genaueste Methode zur Ermittlung des Wirkungsquantums. Es ist sehr viel Mühe darauf verwendet worden, diese Methode zu einer Präzisionsmethode auszubilden. Abb. 38 zeigt die Energieverteilung und das kurzwellige Ende eines Röntgenspektrums für verschiedene Spannungen.

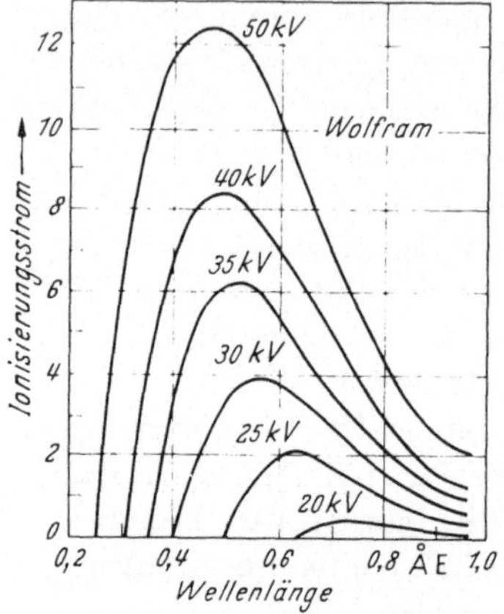

Abb. 38. Energieverteilung und kurzwelliges Ende der Röntgenbremsstrahlen für verschiedene Spannungen

4. Fluoreszenz- und Phosphoreszenzvorgänge

Die Umsetzung von kurzwelligem Licht in langwelliges erfolgt bei den Fluoreszenz- und Phosphoreszenzvorgängen. Die schon lange bekannte Tatsache, daß das Fluoreszenzlicht niemals kurzwelliger ist als das erregende Licht (Stokessches Gesetz), folgt aus dem Energieerhaltungssatz. Es kann sich nämlich sehr wohl ein Lichtquant größerer Energie in eines kleinerer Energie umwandeln während der Rest in Wärme umgesetzt wird, aber niemals ein Lichtquant kleinerer Energie in eines von größerer, also Licht kleinerer in Licht größerer Frequenz.

5. Photochemische Vorgänge

Es war schon lange bekannt, daß kurzwelliges Licht Eigenschaften besaß, die bei langwelligem, rotem und ultrarotem, wenig ausgesprochen waren oder ganz fehlten. Kurzwelliges ultraviolettes Licht und Röntgenstrahlen besitzen z. B. starke photochemische Wirkungen, sie wirken stark auf die photographische Platte, erzeugen Entzündungen der Haut usw.

Nach der Quantenvorstellung muß bei einer photochemischen Reaktion *ein* absorbiertes Lichtquant gerade ein Molekül chemisch verändern. Dieses „photochemische Äquivalenzgesetz" ist in vielen Fällen experimentell bestätigt worden. Wenn es scheinbar nicht stimmt, ist es nur durch komplizierende Umstände verschleiert. Die Moleküle eines Indanthrenfarbstoffes, die den Quanten des sichtbaren Lichtes gegenüber widerstandsfähig sind, können durch genügend kurzwelliges Licht chemisch verändert, der Farbstoff kann ausgebleicht werden. Die hautbräunende und erythembildende Wirkung ultravioletten Lichtes sowie die Bildung des antirachitischen Vitamins D_3 aus 7-Dehydrocholesterin sind wichtige photochemische Vorgänge im lebenden Organismus.

Den gewaltigsten photochemischen Vorgang in der Natur finden wir in der Assimilation des Kohlendioxyds der Luft in grünen Pflanzen unter dem Einfluß des Sonnenlichtes. Die Pflanzen nehmen Kohlendioxyd (CO_2) auf und geben Sauerstoff ab. Der Kohlenstoff wird zum Aufbau der verschiedenen organischen Verbindungen des Pflanzenkörpers verwendet. Wie diese Photosynthese im einzelnen vor sich geht, ist trotz der großen, darauf verwendeten Arbeit mit modernsten Arbeitsmethoden der Chemie (M. CALVIN und Mitarbeiter, Californien, O. WARBURG und Mitarbeiter, Berlin-Dahlem) bisher nicht sicher geklärt worden. Jedenfalls sind die Vorgänge weit verwickelter, als früher angenommen wurde. Menschen und Tiere atmen den bei der Photosynthese frei werdenden Sauerstoff ein und verbrennen dadurch ihre Kohlenhydrat-, Fett- und Eiweißnahrung zu Kohlendioxyd und Wasser. Das Kohlendioxyd wird ausgeatmet und kann wieder von den Pflanzen aufgenommen werden. Die bei der Nahrungsverbrennung frei werdende Energie entstammt so letzten Endes dem Sonnenlicht und dient zur Aufrechterhaltung des pflanzlichen, tierischen und menschlichen Lebens. Ist es ein Wunder, daß vieles bei dem Vorgang der Photosynthese, der so eng mit den geheimnisvollen Lebensvorgängen zusammenhängt, noch nicht hat geklärt werden können?

Das Wesentliche an photochemischen Vorgängen ist, daß die Photonen kurzwelligen Lichtes energiereicher als die langwelligen und deshalb chemisch wirksamer sind.

Das Energiequant des roten Lichtes (8000 Å) beträgt nur $h\,v = 2,5 \cdot 10^{-12}$ erg, das des violetten (4000 Å) $5 \cdot 10^{-12}$ erg, das des ultravioletten (1000 Å) $2 \cdot 10^{-11}$ erg und das des Röntgenlichtes mittlerer Härte (1 Å) $2 \cdot 10^{-8}$ erg. Die zugehörige Energie der Elektronen drückt man gewöhnlich in Volt aus und meint damit die Spannung, die sie durchlaufen müßten, um die betreffende kinetische Energie zu erhalten. Sie beträgt: Für rotes Licht etwa 1,5 Volt, für violettes etwa 3 Volt, für ultraviolettes etwa 12 Volt und für Röntgenstrahlen mittlerer Härte 30000 Volt. Ein Elektronenvolt wird in der Atomphysik häufig als Energieeinheit verwendet. 1 eVolt = 1,6 · 10^{-12} erg oder 23,04 Kilokalorien pro Mol.

Das Photon bewegt sich immer mit der gleichen Geschwindigkeit c. Da das Photon eine Energie darstellt, ist es konsequent, ihm auch eine Masse zuzuschreiben nach der uns schon bekannten Beziehung $h \cdot v = mc^2$. Die Masse des Photons ergibt sich daraus zu $m = \dfrac{hv}{c^2}$ Für Röntgenlicht von 1 Å Wellenlänge ergibt sich so die Photonenmasse zu 2,2 · 10^{-29} g. Der Impuls des Lichtquants $m \cdot c$ ist $\dfrac{h \cdot v}{c}$. Er macht sich im Lichtdruck bemerkbar. Für die „Ruhmasse" des Lichtquants ergibt sich $m_0 = 0$.

6. Der Compton-Effekt

Einen der eindrucksvollsten Quanteneffekte hat bei der Streuung von harten Röntgenstrahlen an freien Elektronen A. H. Compton (1922) entdeckt. Er hat diesen Vorgang nach dem Vorbild des Stoßes zweier Kugeln behandelt. Wird der Stoß als elastisch vorausgesetzt, so muß Energie und Impuls dabei vor und nach dem Stoß unverändert sein. Das getroffene Elektron fliegt nach irgendeiner Richtung ψ fort und das Lichtquant nach einer anderen φ (Abb. 39). Diese Richtung ist durch den Impulssatz bestimmt. Da das Lichtquant Energie an das Elektron abgegeben hat, muß es nach dem Stoß weniger Energie besitzen. Das heißt aber, die Frequenz des gestreuten Lichtes muß kleiner, seine Wellenlänge größer geworden sein. Die Vergrößerung der Wellenlänge ist unahbängig von der Größe der ursprünglichen Wellenlänge und hängt nur vom Streuwinkel φ ab. Hauptsächlich durch die Wellenlängenvergrößerung unterscheidet sich diese Compton-Streuung von der früher erwähnten (S. 40) klassischen Streuung. Eine deutliche Compton-Streuung wird nur zu erwarten sein, wenn die Masse des Elektrons und die des Photons ungefähr gleich groß sind. Setzen wir sie gleich, so

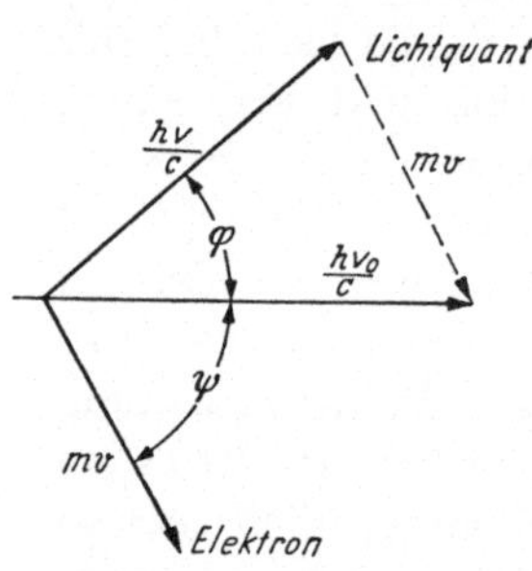

Abb. 39. Impulsverteilung beim Compton-Effekt

64

ergibt sich:

$$m_0 = \frac{h\,\nu}{c^2}\,,$$

wobei m_0 die Ruhmasse des Elektrons ist. Für die Frequenz des Lichtes erhält man hieraus:

$$\nu = \frac{m_0\,c^2}{h}\,.$$

Da die Größen rechts bekannt sind, findet man $\nu = 1{,}24 \cdot 10^{20}\mathrm{sec}^{-1}$ und daraus die sog. *Compton-Wellenlänge* $\lambda_0 = \dfrac{c}{\nu} = \dfrac{h}{m_0\,c} = 2{,}43 \cdot 10^{-10}$ cm oder 0,0243 Å. Das Röntgenlicht muß also sehr kurzwellig sein. Die Streuung kann z. B. in Paraffin oder Graphit erfolgen. Die Elektronen können für das sehr kurzwellige Röntgenlicht als nahezu frei gelten. Die beobachteten Wellenlängenänderungen unter verschiedenen Richtungen gestreuter Röntgenstrahlen stimmten genau mit den berechneten überein. Sie sind gegeben durch $\varDelta\lambda = 2\,\lambda_0 \sin^2\dfrac{\varphi}{2}$. Der Compton-Effekt ist eine der glänzendsten Bestätigungen der Photonentheorie. Anschaulicher werden dem Leser vielleicht die folgenden Versuche vorkommen.

7. Versuch von Brumberg und Wawilow

Macht man in einem Schirm ein sehr kleines Loch und beleuchtet es mit einzelnen kurzen und sehr schwachen Lichtblitzen, so daß von der Öffnung in der Beobachtungszeit von je 0,1 sec nur wenige Photonen auf die Netzhaut des Auges treffen, so sieht das Auge ganz unregelmäßig manchmal ein Aufleuchten der Öffnung und manchmal nicht. Je schwächer die Blitze sind, um so häufiger erfolgt Fehlanzeige. Teilt man das von der Öffnung kommende Licht durch irgendwelche optische Vorrichtungen in zwei gleiche Teile, so daß man zwei Bilder wahrnimmt, so geschieht es bei sehr schwacher Momentanbeleuchtung, daß manchmal nur das eine *oder* andere Bild hell erscheint. Manchmal leuchten beide Bilder auf und manchmal bleiben beide dunkel. Man schließt aus den Versuchen, daß das Auge auf Photonen reagiert. Da es sich beim Sehvorgang um einen photochemischen Prozeß handelt, war dies zu erwarten.

8. Versuch von Joffe und Dobronrawow

Ein Wismutteilchen von etwa 10^{-5} cm Durchmesser mit positiver Ladung kann in einem Millikan-Kondensator stundenlang schwebend gehalten werden. Wird es mit kurzen Röntgenimpulsen in Zeitintervallen von je 1 Tausendstel Sekunde bestrahlt, so verliert es nur äußerst selten ein lichtelektrisch ausgelöstes Elektron. Geschieht es aber, so macht sich das dadurch bemerkbar, daß die positive Ladung des Wismutteilchens sprunghaft zunimmt, das Teilchen sich also in Bewegung setzt und aufs neue ins Gleichgewicht gebracht werden muß. Da das Teilchen positive Ladung trägt, kann eine Zunahme dieser Ladung nur durch Elektronenabgabe erfolgen. Aufnahme positiver Ionen ist verhindert, da diese vom Teilchen abgestoßen werden. Das Wismutteilchen wurde von der Antikathode der Röntgenröhre aus unter einem äußerst kleinen räumlichen Winkel gesehen. Nur alle 30 min im Mittel gab das Teilchen ein Elektron ab, während in dieser Zeit rund 10^6 Röntgenimpulse von der Röhre geliefert wurden. Das spricht für die Photonenvorstellung. Die meisten Photonen treffen das Teilchen gar nicht und können deshalb auch keine Elektronen aus dem Metall auslösen.

9. Versuch von O. R. Frisch

Ein abgeschmolzener Glasballon enthält Stickstoff und ein Stückchen Natriummetall. Man schickt ein paralleles Lichtbündel hindurch, das von einer Natriumbogenlampe kommt. Es enthält nur gelbes Licht der Wellenlänge 5893 Å. Das Licht geht hindurch, ohne daß im Ballon von der Seite das Bündel sichtbar wird. Erwärmt man den Ballon mit einer Flamme, so entwickelt sich im Ballon Natriumdampf, und die Spur des Bündels im Ballon beginnt gelb zu leuchten. Die spektrale Untersuchung zeigt wieder die gelbe Natriumlinie, dafür verschwindet das eingestrahlte Licht nun fast vollständig. Schickt man statt des gelben Natriumlichtes weißes Licht durch das Gefäß, so leuchtet die Spur des Bündels im Ballon ebenfalls gelb auf. Die spektrale Untersuchung des hindurchgehenden Lichtes zeigt aber, daß genau an der Stelle, wo die gelbe Linie im Spektrum liegt, ein dunkler Streifen entstanden ist. Das Licht der Wellenlänge

5893 Å ist also von den Natriumatomen zerstreut worden. Man bezeichnet diese Erscheinung als Resonanz, weil sie so verstanden wurde, daß die Elektronen des Natriumatoms durch die einfallende Strahlung genau gleicher Wellenlänge in Resonanzschwingungen versetzt werden und dann das Licht nach allen Seiten aussenden. Es war aber nach dieser Auffassung nicht begreiflich, weshalb nur *bestimmte* Spektrallinien sich so verhalten, daß sie von nicht leuchtendem Dampf absorbiert und re-emittiert werden, andere aber nicht. Nach der Quantentheorie erfolgt die Lichtemission, wie wir später

Abb. 40. Zum Versuch von O. R. Frisch

sehen werden (S. 95), durch Übergang des Atoms aus einem energiereicheren in einen energieärmeren Energiezustand. Spektrallinien, die das erwähnte Verhalten zeigen, müssen Übergängen entsprechen, bei denen der energieärmere Zustand der unangeregte Zustand des Atoms ist. Aus diesem Zustand werden die Atome durch Absorption einer Frequenz angeregt, die bei der Rückkehr in den Anfangszustand reemittiert wird. Der Versuch von Frisch besteht nun in folgendem: Ein sehr schmaler, durch zwei Spalte S_1 und S_2 ausgeblendeter Natriumatomstrahl verläuft im Vakuum (Abb. 40). Wird der Strahl in der Nähe des Spaltes S_2 seitlich mit gelbem Natriumlicht beleuchtet (Pfeil 1), so werden die Lichtquanten von den Natriumatomen absorbiert und jedes Quant erteilt dem getroffenen Atom einen Impuls $\frac{h\,v}{c} = \frac{h}{\lambda} = m\,v$ (Lichtdruck) in der Einfallsrichtung und die Geschwindigkeit $v = \frac{h}{\lambda\,m}$. Ihre Größe ist: 2,9 cm/sec. Die Atomstrahlgeschwindigkeit betrug $4 \cdot 10^4$ cm pro sec. Die Strahlen werden also um den sehr kleinen Winkel $\varphi = 2,9/4 \cdot 10^4$ $= 7,4 \cdot 10^{-3}$ abgelenkt, das sind 0,26 Bogensekunden. Auf 50 cm Weg gibt das eine seitliche Verschiebung $s = 0,036$ mm. Mit einem feinen Drahtauffänger kann man diese seitliche Verschiebung des Strahles nachweisen. Beleuchtet man von oben statt von der Seite, so tritt keine seitliche Verschiebung des Strahles auf, wohl aber findet man eine kleine Verbreiterung des Strahles bei

Belichtung. Sie rührt daher, daß die Atome bei der Reemission einen Rückstoß der Größe $\frac{h\,\nu}{c}$ erfahren, wie ein Geschütz beim Abschuß eines Geschosses. Der Rückstoß erfolgt bei den einzelnen Atomen regellos nach ganz verschiedenen Richtungen, weil die Ausschleuderung der Lichtquanten in allen möglichen Richtungen regellos erfolgt. Eine kleine nachweisbare Strahlverbreiterung ist die Folge.

Auch dieser schöne Versuch ist nur durch die Photonentheorie erklärbar. Der Impuls des Lichtquants ist hier sehr viel kleiner als der eines Röntgenquants beim Comptoneffekt. Trotzdem ist er mit der sehr empfindlichen Untersuchungsmethode nachweisbar. Auch dieser Versuch ist ein eindrucksvolles Beispiel für moderne Experimentierkunst.

10. Ein interessantes Gegenbeispiel

1953 berichtet E. M. Purcell über eine höchst überraschende Art der Lichterzeugung, die im Gegensatz zu der Vorstellung der quantenhaften Emission mit überzeugender Evidenz für die „klassische" Auf-

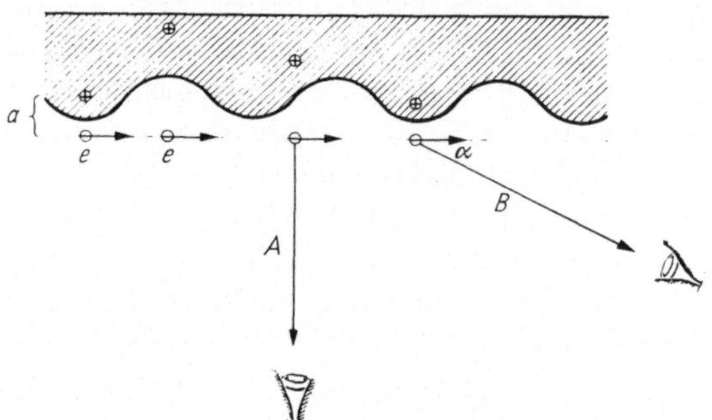

Abb. 41. Zum Versuch von E. M. Purcell

fassung von der kontinuierlichen Ausstrahlung einer elektromagnetischen Welle spricht als Folge von genügend raschen Schwingungen eines elektrischen Dipols.

Ein schmaler Strahl rascher Elektronen, deren Geschwindigkeit mindestens etwa 0,7 der Lichtgeschwindigkeit beträgt, läuft in möglichst kleinem Abstand an einem Metallgitter lang. Die Oberfläche des Gitters sei, der Einfachheit halber, wellenförmig profiliert. Der Abstand zweier Berge oder Täler sei d (etwa 1,5 μ). Mit jedem Elektron bewegt sich eine im Metall influenzierte positive Ladung. Die negative und positive Ladung bilden einen elektrischen Dipol mit einem während

68

der Bewegung periodisch veränderlichen Ladungsabstand a. Folglich strahlt der Dipol nach den klassischen Gesetzen nahezu senkrecht zur Oberfläche (Abb. 41) eine Wellenlänge:

$$\lambda_0 = \frac{c}{\nu_0} = \frac{c}{v}\, d \, ,$$

da die Schwingungsdauer $\tau_0 = \dfrac{d}{v}$, die Frequenz also gleich $\nu_0 = \dfrac{v}{d}$ ist[1].

Aus der Richtung B, die mit der Strahlrichtung den Winkel α bildet, sieht ein Beobachter eine infolge des Dopplerschen Prinzips verkleinerte Wellenlänge λ, weil die Lichtquelle sich auf den Beobachter zubewegt. Es gilt dann:

$$\lambda = \lambda_0 \left(1 - \frac{v}{c}\cos\alpha \right) = \frac{c}{v}\, d \left(1 - \frac{v}{c}\cos\alpha \right) = d \left(\frac{c}{v} - \cos\alpha \right) .$$

Da man mit den heutigen Mitteln leicht genügend rasche und intensive Strahlen herstellen kann, ist zu erwarten, daß man eine sichtbare Strahlung erhält, die in Hinsicht auf die Wellenlänge von der Beobachtungsrichtung abhängt. PURCELL beobachtete in der Tat auf der Oberfläche des Gitters, längs des Elektronenweges eine scharfe, farbige leuchtende Linie. Die spektrale Zusammensetzung des Lichtes ließ sich in angegebener Weise durch Variation der Beobachtungsrichtung und der Elektronengeschwindigkeit ändern.

Man kann sich denken, welche Ratlosigkeit die Physiker ergriff, als sie sich überlegten, wie man so überzeugende Versuche, welche die Korpuskularnatur des Lichtes offenbarten, mit den ebenso überzeugenden in Einklang bringen könnte, die für die Wellentheorie des Lichtes sprachen. Wenn man die Lichtintensität auch noch so gering macht, und mit einer photographischen Platte eine Interferenzerscheinung mit genügend langer Belichtungszeit aufnimmt, so findet man doch immer das gleiche, mit der Wellenvorstellung übereinstimmende Ergebnis. Man kann das auch folgendermaßen formulieren: Die Photonen kommen mit großer Wahrscheinlichkeit dorthin, wohin sie nach der Wellenvorstellung kommen müssen, und sind mit der Wahrscheinlichkeit Null dort zu finden, wo die Wellentheorie Dunkelheit verlangt. Man könnte meinen, daß Photonen etwas Realeres seien als Lichtwellen, denn die Wahrnehmung und auch jede Art von Messung des Lichtes beruht auf Vorgängen, die korpuskular gedeutet werden müssen.

---

[1] Genau senkrecht zur Oberfläche erfolgt überhaupt keine Ausstrahlung, weil ein Dipol in der Richtung seiner Schwingung nicht strahlt.

IX. Materiewellen

1. Grundgedanke

Da die duale Auffassung des Lichtes in den Bildern „Korpuskel und Welle" nicht aus der Welt zu schaffen war, kam LOUIS DE BROGLIE 1924 auf den kühnen Gedanken, daß diese Dualität, die dem Lichte recht ist, auch den Elektronen, vielleicht sogar den Atomen billig sein sollte. Er führte die Idee der „Materiewellen" in formaler Weise ein, indem er Energie und Impuls der Materieteilchen in genau der gleichen Weise wie beim Licht mit einer Wellenfrequenz ν oder Wellenlänge λ verknüpfte. Beim Licht galten für die Energie E und für den Impuls p des Photons die Beziehungen:

1) $$E = m \cdot c^2 = h \cdot \nu$$

2) $$p = m \cdot c = h \cdot \nu/c = h/\lambda$$

(m Photonenmasse).

Analog setzte DE BROGLIE für Energie und Impuls eines mit der Geschwindigkeit v bewegten Teilchens, daß die Masse $m = \dfrac{m_0}{\sqrt{1 - \dfrac{v^2}{c^2}}}$ besitzt:

3) $$E = m \cdot c^2 = h \cdot \nu$$

4) $$p = m \cdot v = h/\lambda \, .$$

Für die Wellenlänge der hypothetischen Materiewelle, die mit einem materiellen Teilchen, z. B. einem Elektron verknüpft sein sollte, findet man also aus 4):

5) $$\lambda = h/m \cdot v$$

und für die Fortpflanzungsgeschwindigkeit der Wellen, die sog. Phasengeschwindigkeit u, mit der sich ein Wellenberg oder -tal fortbewegt:

6) $$u = \nu \, \lambda = \frac{m\,c^2}{h} \cdot \frac{h}{m\,v} = \frac{c^2}{v} \, .$$

Diese Ergebnisse sind sehr bemerkenswert, rechnen wir einmal nach 5) die Wellenlänge aus, etwa für ein Elektron, das durch eine Spannung von 10000 Volt beschleunigt worden ist. Die Geschwindigkeit v ist dann $5{,}84 \cdot 10^7$ cm pro sec und die Masse

$9{,}29 \cdot 10^{-28}$ g. Der Impuls $p = m \cdot v$ beträgt demnach $54 \cdot 10^{-19}$ g/cm/sec und die gesuchte Wellenlänge $\lambda = h/p = 1{,}23 \cdot 10^{-9}$ cm $= 0{,}123$ Å. Sie ist also von der gleichen Größenordnung wie die ziemlich kurzwelliger Röntgenstrahlen; doch handelt es sich hier natürlich nicht um eine elektromagnetische Strahlung.

Zur Orientierung des interessierten Lesers bemerken wir noch folgendes:

Die Phasengeschwindigkeit u ist also, da v stets kleiner als die Lichtgeschwindigkeit c sein muß, nach 6. stets größer als c, und zwar um so größer, je kleiner die Fortpflanzungsgeschwindigkeit v des Teilchens ist. Dies ist kein Widerspruch gegen die Relativitätstheorie. Die Phasengeschwindigkeit darf in der Tat größer als c sein, da mit der Fortpflanzung der Phase keine Energiefortpflanzung verbunden ist. Auch Signale lassen sich damit nicht geben. Die Fortpflanzungsgeschwindigkeit des Teilchens v dagegen ist, wie sich zeigen läßt, identisch mit der Fortpflanzungsgeschwindigkeit einer sog. Wellengruppe, mit der die Energie sich fortpflanzt, und diese ist in der Tat stets kleiner als die Lichtgeschwindigkeit. Die Wellenlänge findet man für v kleiner als $c/10$, am einfachsten aus $\lambda = \sqrt{\dfrac{150}{V}}$ Å, wobei die Beschleunigungsspannung V in Volt zu messen ist.

Dies war zunächst nur eine äußerst kühne Theorie, die aus der Überzeugung entsprang, daß die Dualität von Teilchen und Welle dieser Ergänzung bedürfe, wenn man mit ihr Ernst machen wollte. Es ist der schönste Beweis für die Kraft der schöpferischen Phantasie, daß alsbald eine Anzahl von Experimenten, die ohne Kenntnis dieser Theorie ausgeführt worden waren und zunächst unverständliche Ergebnisse gezeigt hatten, durch die Theorie von DE BROGLIE aufs schönste gedeutet werden konnten. Später konnte auch H. SEEMANN zeigen, daß in alten Versuchen von SEITZ mit Kathodenstrahlen sehr wahrscheinlich schon Welleneigenschaften beobachtet worden waren. H. HERTZ (1857-1894) und P. LENNARD hatten übrigens nach der Entdeckung und beim ersten Studium der Kathodenstrahlen ebenfalls die Annahme gemacht, daß die Kathodenstrahlen Wellen wären. Da aber die weiteren Untersuchungen sich mit solchen Eigenschaften befaßten, welche die korpuskulare Natur des Phänomens betrafen, wurde alsbald die Annahme einer Wellenstrahlung aufgegeben. Ähnlich haben Wellen- und Korpuskelauffassungen schon sehr früh bei der Frage nach dem Wesen des Lichtes miteinander in Wettstreit gelegen. Die Situation, der man nun gegenüberstand, war aber so neuartig, daß sie erst viel später geklärt werden konnte. Es ist des Nachdenkens wert, ob das Zustandekommen einer physikalischen Theorie, die nicht nur im einzelnen, sondern in der ganzen Grundanschauung etwas ganz Neues darstellt, allein durch den Zwang des Experimentes erklärt werden kann, oder ob ein grundlegender Wandel im Denken der Menschen vorliegen muß.

Welches waren nun die Experimente, die den Nachweis der Materiewellen erbrachten? Wir wollen uns hier nicht genau an den historischen Weg halten, der zunächst nicht so übersichtlich und überzeugend ist. Nachdem er aber auf die richtige Spur geführt hatte, wurden besondere Versuche ersonnen, die nunmehr überzeugende Beweise für die Existenz der von DE BROGLIE vorausgesagten Materiewellen erbrachten. Einen derartigen Versuch wollen wir zunächst betrachten.

2. Beugung von Materiewellen an einer Kante

Läßt man monochromatisches Licht (Abb. 42) von einem beleuchteten Spalt, der sich hinter dem Rande eines Schirmes im Abstand a befindet[1], ausgehen, so wird der Rand selbst zum Aus-

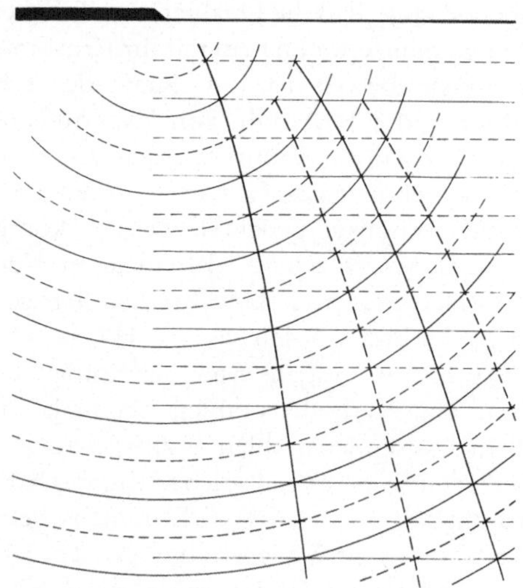

Abb. 42. Zur Beugung des Lichtes an der Kante eines Schirmes

[1] a ist in der Abbildung als sehr groß angenommen (ebene Welle).

gangspunkt einer Welle. Die Lichtverteilung in einer zum Schirm parallelen Ebene im Abstand b vom Schirm ist gegeben durch die Interferenz der direkt einfallenden Welle und dieser vom Schirmrand ausgehenden, gestreuten Welle. Außerhalb des Schattenraumes besteht sie in dem Schirmrand parallelen, abwechselnd dunklen und hellen Streifen (Abb. 43).

Ihr Abstand x vom Schirmrand berechnet sich zu

$$x = \sqrt{\lambda\,(a+b)\,\frac{b}{a}\left(n-\frac{1}{4}\right)}$$

(für $n = 1, 3, 5 \ldots$ helle, für $n = 2, 4, 6 \ldots$ dunkle Streifen). Für den Fall, daß a sehr groß gegen b ist, gilt

$$x = \sqrt{\lambda b\left(n-\frac{1}{4}\right)},$$

und für den Fall, daß a sehr klein gegen b ist:

$$x = b\sqrt{\frac{\lambda}{a}\left(n-\frac{1}{4}\right)}.$$

Innerhalb des geometrischen Schattens ist eine gleichmäßige Beleuchtung mit abnehmender Helligkeit zu sehen. Die Beugungsaufnahmen (Abb. 43) zeigen bemerkenswerterweise in

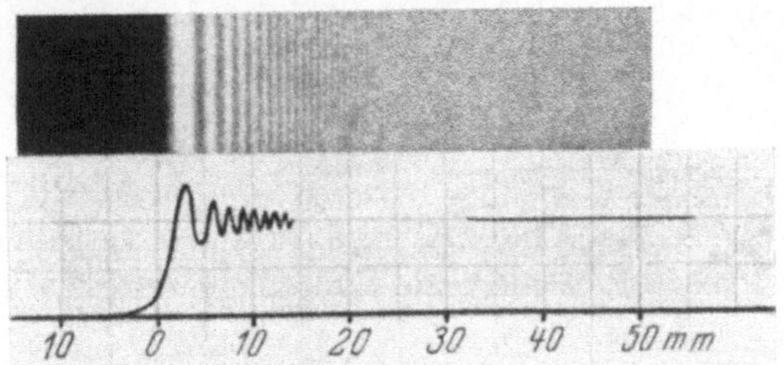

Abb. 43 u. 44.
Lichtverteilung im Beugungsbild (beobachtet und berechnet)

Übereinstimmung mit der Theorie keine Abhängigkeit von der Form der Beugungskante, d. h. es ergibt sich das gleiche Beugungsbild, ob nun die Kante so scharf ist wie die Schneide eines Rasiermessers oder ob sie durch eine gebogene Platte gebildet wird mit einem Krümmungsradius von einigen Metern, an deren Wölbung die Welle vorbeistreicht. Diese Tatsache läßt deshalb die gleiche Untersuchungsmethode für lange und für sehr kurze

Wellen als brauchbar erscheinen. Aus den Streifenabständen kann die Lichtwellenlänge berechnet werden auch für sehr kurzwelliges Licht, wenn man *a* sehr klein gegen *b* macht, damit die Streifenabstände hinlänglich groß werden. Abb. 44 zeigt die Lage der Schirmkante und der Maxima der Intensität. Aufnahme 44 ist mit monochromatischem Licht gemacht. Abb. 45 gibt nun das Bild einer „Elektronenbeugung" an einer Kante. Die Wellenlänge der Materiewellen beträgt 0,066 Å. Die Aufnahme ist optisch nachvergrößert, daher erscheint die Schwärzung körnig.

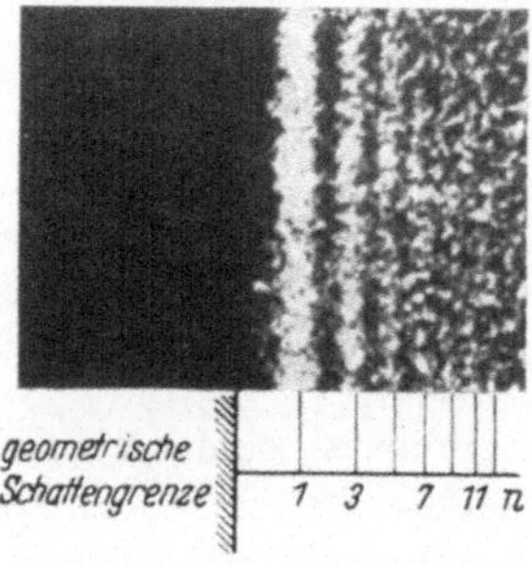

Abb. 45. Elektronenbeugung an einer Schirmkante (nach BOERSCH)

Abb. 46. Laue-Diagramm von „Elektronenwellen" mit Kochsalzkristall (nach BOERSCH)

Die Lage der Beugungsmaxima wird durch dieselbe Gleichung richtig beschrieben. Die Elektronenstrahlen verhalten sich hier also quantitativ wie Wellen, die Grundlage des obigen Versuches ist besonders einfach.

3. Beugung von Materiewellen an Kristallgittern

Der erste Hinweis auf die Existenz von Materiewellen ergab sich indessen (ohne Kenntnis der Theorie) aus Reflexionsversuchen an Nickel-Kristalloberflächen von C. J. DAVISON und L. H. GERMER 1927. Sie konnten erst allmählich aufgeklärt werden. Eine sehr schöne Elektronenbeugung beim Durchgang durch einen Kochsalzkristall, also ein Laue-Diagramm, zeigt Abb. 46. Beim Durchgang durch polykristalline Schichten, etwa durch eine Metallfolie, erhält man mit Röntgenstrahlen auf einer photographischen Schicht, die senkrecht zum Strahl aufgestellt ist, konzentrische Interferenzringe, wenn die Röntgenstrahlung nur einige diskrete Wellenlängen enthält (Abb. 47). Jedes Kriställchen muß sich nämlich in einer geeigneten, durch die Braggsche Bedingung gegebenen Lage zum Strahl befinden, um eine Re-

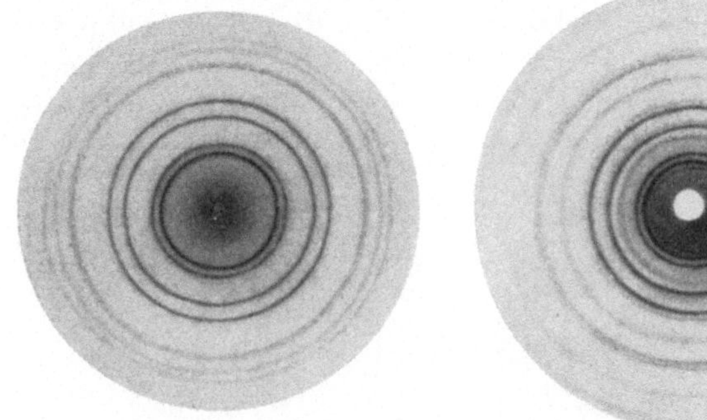

Abb. 47a. Beugung von Röntgenstrahlen an polykristallinem Material

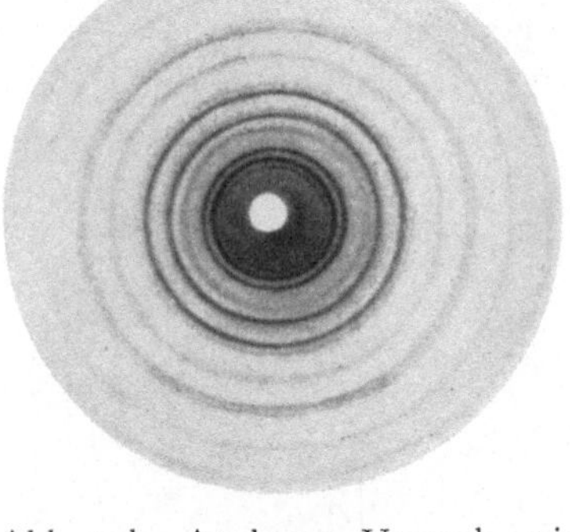

Abb. 47b. Analoger Versuch mit Elektronenwellen

flexion zu ergeben. Ganz analoge Bilder erhält man mit Elektronenstrahlen einheitlicher Geschwindigkeit, wie zuerst G. P. Thomson gezeigt hat (Abb. 47b). Dies ist wiederum ein überraschender Beweis für die Wellennatur der Elektronenstrahlen.

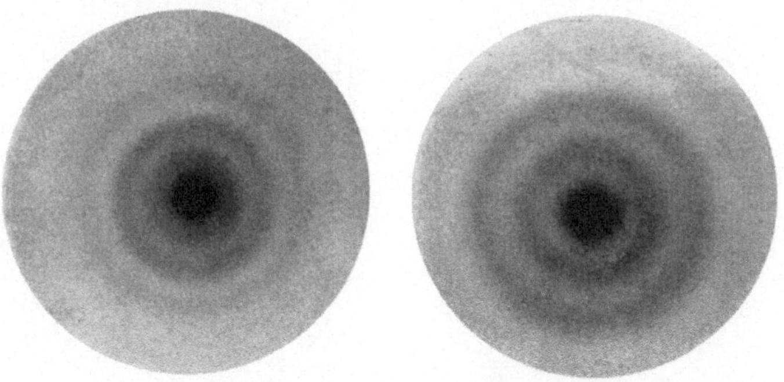

Abb. 48 und 49. Beugung von Elektronenwellen an den Molekülen des Tetrachlorkohlenstoffs und des Tetrachlorgermaniums (nach Mark und Wierl)

4. Beugung von Materiewellen an Molekülen und Atomen

Beim Durchgang von Elektronenstrahlen durch Dämpfe beobachtet man ebenfalls Beugungserscheinungen. Diesmal erfolgt die Beugung an den Molekülen des Dampfes. Aus dem Beugungsbild, das verwaschene Ringe zeigt, läßt sich auf die Struktur des Moleküls schließen. Diese vor allem von H. MARK und R. WIERL studierte Methode ist ebenfalls analog einer von P. DEBYE und Mitarbeitern entwickelten Methode mit Röntgenstrahlen.

Abb. 48 u. 49 zeigen zwei Aufnahmen der Beugungsringe an den Molekülen von Tetrachlorkohlenstoff und Tetrachlorgermanium. Die Chloratome sind in beiden Fällen tetraedrisch um

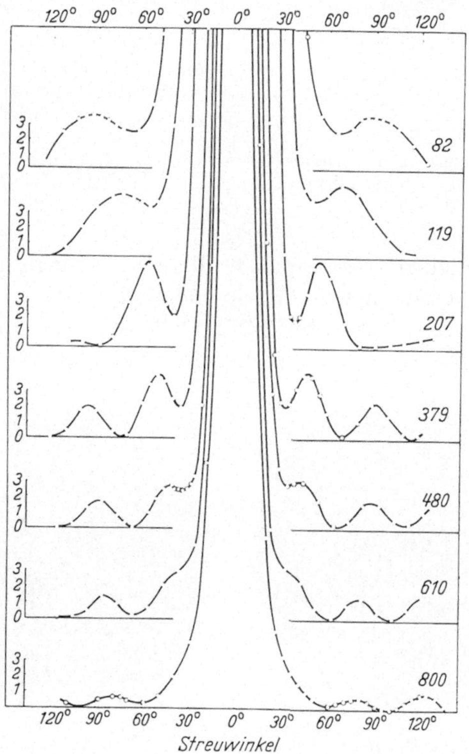

Abb. 50. Beugung von Elektronenwellen an Quecksilberatomen (nach ARNOT)

das Kohlenstoff- bzw. Germaniumatom angeordnet. Der gegenseitige Abstand der Chloratome ist beim Germaniumtetrachlorid größer als beim Kohlenstofftetrachlorid. Das macht sich daran bemerkbar, daß die Interferenzerscheinung in beiden Fällen etwas verschieden ist. Aus Theorie und Experiment läßt sich der gegenseitige Abstand der Chloratome im Molekül berechnen.

Läßt man ein Kathodenstrahlbündel durch atomaren Dampf, z. B. durch Quecksilberatome hindurchgehen, so erhält man ähnlich wie beim Durchgang von Licht durch Nebel Beugungsringe, deren Durchmesser mit zunehmender Wellenlänge der Materiewellen zunimmt. Es handelt sich also um die analoge Erscheinung, die man beobachtet, wenn sich um die Sonne oder um den Mond die sog. „Kränze" bilden. Abb. 50 gibt die Intensitätsverteilung in den Ringen wieder. Kleinerer Voltgeschwindigkeit entspricht größere Wellenlänge und stärkere Beugung.

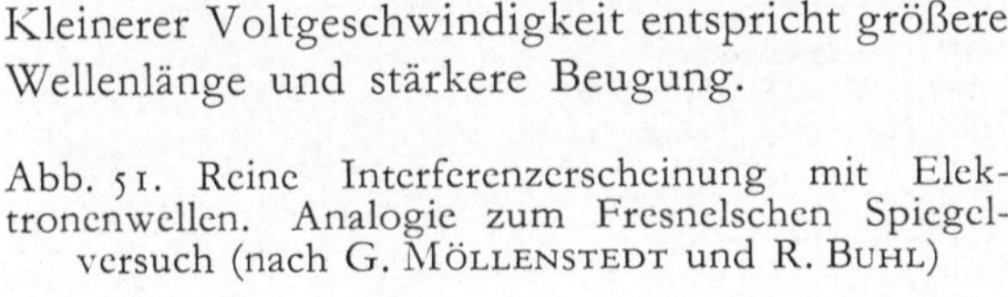

Abb. 51. Reine Interferenzerscheinung mit Elektronenwellen. Analogie zum Fresnelschen Spiegelversuch (nach G. Möllenstedt und R. Buhl)

5. Reine Interferenzerscheinungen mit Materiewellen

Neuerdings ist es auch gelungen, reine Interferenzversuche ohne Beugung mit Elektronenstrahlen durchzuführen. Abb. 51 zeigt eine derartige Interferenzaufnahme. Wir erwähnen nur, daß die Anordnung des Versuches Ähnlichkeit hatte mit der bei dem optischen Interferenzversuch mit dem sog. Fresnelschen Prisma.

6. Elektronenmikroskop

Man kann, wie wir sahen, Elektronen durch geeignete elektrische oder magnetische Felder von ihrem geradlinigen Weg ablenken. H. Busch machte zuerst darauf aufmerksam, daß dies als sehr weitgehende Analogie der Wirkung von Linsen auf das Licht aufzufassen wäre. Es ließ sich fußend auf diese Überlegung bekanntlich ein Elektronenmikroskop konstruieren, welches das

durchstrahlte sehr dünne Objekt mit sehr starker Vergrößerung
auf einen Leuchtschirm abbildete. Die dickeren Stellen des

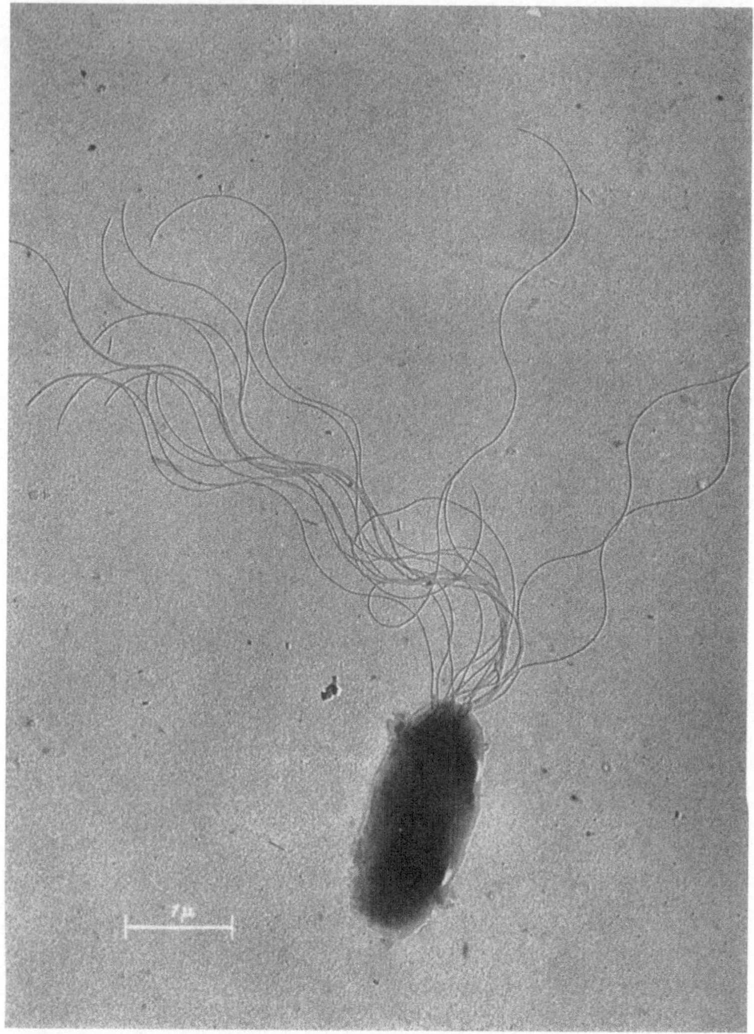

Abb. 52. Elektronenmikroskopische Aufnahme. Fischbakterium. Dicke
der Geißeln etwa 15 mμ (nach Kinder)

Objektes zerstreuen die Elektronenstrahlen stärker und erscheinen daher weniger hell auf dem Leuchtschirm als die dünnen. Abb. 52 zeigt eine elektronenmikroskopische Aufnahme.

Die Vergrößerung ist mit Nutzen beträchtlich größer als die beim Lichtmikroskop maximal nutzbringende Vergrößerung. Man erkannte, daß dies an der Kürze der verwendeten Elektronenwellenlängen liegt. Denn das Auflösungsvermögen eines Mikroskopes ist um so größer, je kleiner die Wellenlänge und je größer die sog. numerische Apertur des Mikroskopes ist. Die numerische Apertur des Elektronenmikroskopes ist immer wesentlich kleiner als die des optischen Mikroskopes. Die Wellenlänge der benutzten Elektronenwellen ist aber rund ein Zehntausendstel der Wellenlänge des sichtbaren Lichtes. Daher gestattet schon die heutige Entwicklung des Elektronenmikroskopes sehr viel feinere Einzelheiten der Objekte aufzulösen, als das mit dem optischen Mikroskop möglich ist. Große Moleküle von der Größe von 20—50 Å-Einheiten sind bereits sichtbar gemacht worden.

7. Feldmikroskop mit Elektronen und Ionen

Einen großen Fortschritt der Elektronenmikroskopie bedeutet die Erfindung des Feldelektronen- und des Feldionenmiskroskops von E. MÜLLER (Abb. 53). Zwischen einer sehr feinen Wolframspitze von ungefähr 10^{-5} cm Durchmesser als Kathode und einer ringförmigen Elektrode als Anode in einem auf höchstes Vakuum evakuierten Gefäß wird eine Spannung von einigen 10000 Volt gelegt. Die Feldstärke an der feinen Spitze ist dann so hoch, daß Elektronen aus der Spitze herausgerissen werden und stark divergierende Bahnen durch die ringförmige

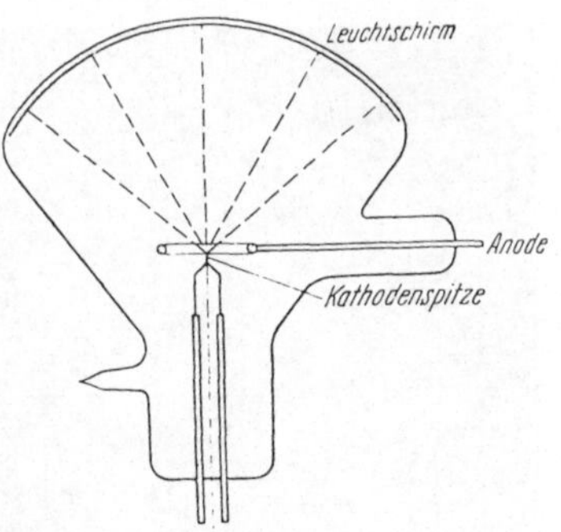

Abb. 53. Feldelektronenmikroskop von E. MÜLLER

Elektrode hindurch nach einem ebenfalls auf Anodenspannung liegenden Leuchtschirm zurücklegen. Auf ihm entsteht ein

ungefähr millionenfach vergrößertes Bild der Spitze (Abb. 54a).
Man kann die Kristallstruktur der Spitze im Bild erkennen, da

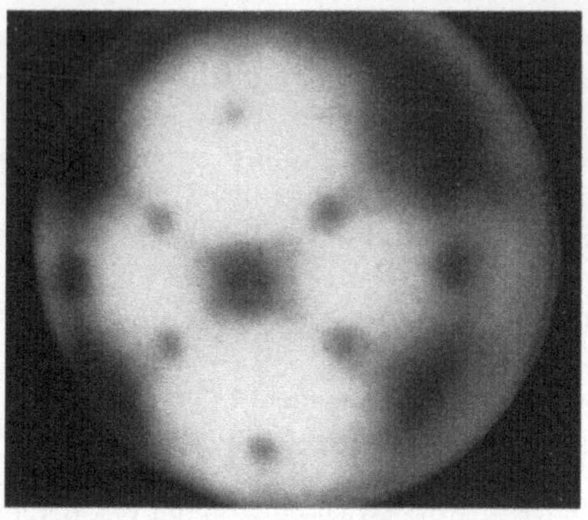

Abb. 54a. „Abbildung" der Kristallstruktur einer Wolframspitze (nach
D. Stark)

die Elektronenemission auf den verschiedenen Kristallflächen
verschieden stark ist, sowie Einzelheiten, welche als Abbilder
von großen organischen Molekülen gedeutet wurden (Abb. 54b).

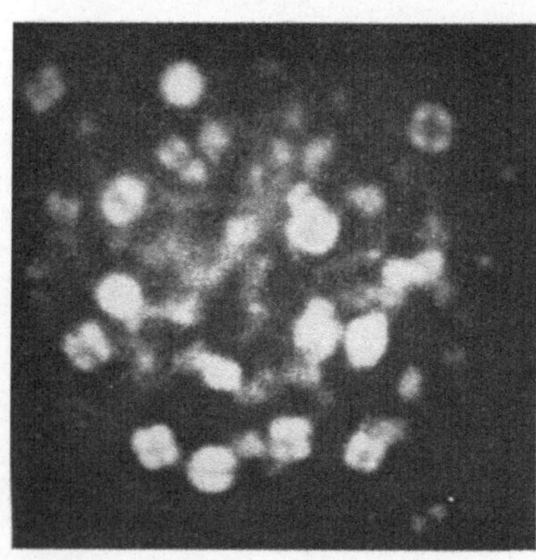

Abb. 54b. Nach älterer Deutung ge
treue Abbildung organischer Moleküle (nach E. Müller)

Diese großen Moleküle
sollten von eingeführten
organischen Dämpfen her-
rühren. Sie sitzen als Ver-
unreinigung auf der Ober-
fläche der Spitze. Die
Deutung als formgetreue
Abbildung von Molekülen
gilt, heute nicht mehr als
zutreffend. Das Auflösungsvermögen des Mikroskopes
beträgt ungefähr 10 Å. Das
Mikroskop, das keine Feld-
linsen enthält, ist in
seiner Wirkung häufig mit
einer Lochkamera verglichen

worden. Noch wirkungsvoller ist eine ähnliche Anordnung mit Ionen statt mit Elektronen. Wegen der viel kleineren Wellenlänge der Materiewellen ist dann das Auflösungsvermögen praktisch unendlich groß. Es gelingt hiermit leicht die „Abbildung" von Atomen (Abb. 55).

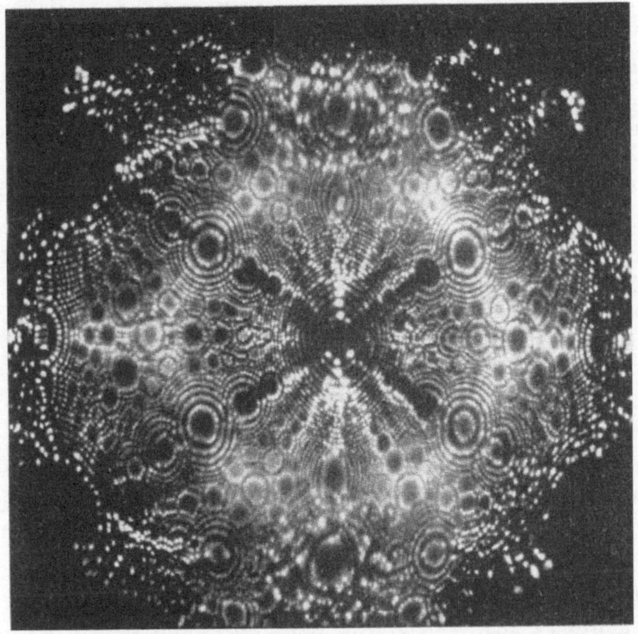

Abb. 55. Abbildung von Atomen mit dem Ionenmikroskop (nach E. Müller)

8. Wellennatur von Atomstrahlen

Alle bisherigen Materiewellen wurden an Elektronenstrahlen nachgewiesen, doch ist es schon vor längerer Zeit O. Stern gelungen, auch die Beugung von Atomstrahlen zu finden. Wegen der großen Masse darf die Geschwindigkeit nur klein sein (etwa thermische Geschwindigkeit), wenn man hinlänglich große Wellenlängen erhalten will. Der Strahl wird an NaCl-Kristalloberflächen gebeugt. Man erhält wegen der geringen Eindringungstiefe nur ein Kreuzgitterspektrum. Es ist mit den letzteren Versuchen die erstaunliche Tatsache erwiesen, daß Atome thermischer Geschwindigkeit Welleneigenschaften zeigen.

Fassen wir kurz zusammen: Sowohl Licht als auch Materie zeigen Wellen- oder Teilcheneigenschaften, je nachdem, mit welchen Hilfsmitteln man sie beobachtet. Jedoch ist die Meinung die, daß im Einzelprozeß stets Teilchen auftreten, während die für die Wellennatur kennzeichnende Intensitätsverteilung bei einem Interferenzversuch stets nur durch das besondere Verhalten vieler Teilchen deutbar ist, das Wellencharakter zeigt. Betrachtet man Grenzfälle sehr großer oder sehr kleiner Wellenlänge, so tritt im ersten Falle praktisch nur der Wellencharakter hervor, etwa bei den Radiowellen. Im zweiten Falle sehr kleiner Wellenlänge, d. h. sehr großer Energie, wie sie uns bei der aus dem Weltraum kommenden Ultrastrahlung begegnet, können wir keine Wellen, sondern nur Teilcheneigenschaften feststellen. Dies ist in Kürze die Paradoxie, zu der uns die moderne physikalische Erfahrung führt.

X. Kurzer Abriß über die Radioaktivität, das Atommodell von Rutherford und den Atomkern

1. Entdeckung der Radioaktivität

Die Röntgenstrahlen gingen von der Stelle der Wandung der Röntgenröhre aus, welche von den Kathodenstrahlen getroffen wurde. Die Glaswand zeigt an dieser Stelle ein helles Fluoreszenzleuchten, das ebenfalls durch die Kathodenstrahlen erregt wurde. HENRI BECQUEREL (1852—1908), der sich seit Jahren mit Stoffen beschäftigt hat, die unter Lichteinfluß fluoreszieren, vermutete, daß ein Zusammenhang zwischen der Fluoreszenz und der geheimnisvollen, durchdringenden Strahlung von Röntgen bestehe. Er beschloß deshalb, zu untersuchen, ob nicht fluoreszierende Stoffe auch stets Quellen einer durchdringenden Strahlung wären. Obwohl der Schluß BECQUERELs vollkommen falsch war, fand er dennoch, daß fluoreszenzfähige Uransalze in der Tat eine schwache, den Röntgenstrahlen ähnliche Strahlung aussenden, welche wie diese die Luft leitfähig macht und die photographische

Platte schwärzt. Damit war die bedeutungsvolle Entdeckung der Radioaktivität gelungen. In dem Fehlschluß BECQUERELs hat die Atombombe, hat aber auch die Energiequelle der Zukunft ihren Ursprung, welche allein im Stande sein wird, den rasch ansteigenden Energiebedarf der Menschheit auf die Dauer zu decken. Die beobachteten Strahlungen, die man α-Strahlen, β-Strahlen und γ-Strahlen nannte, entstehen durch Atomzerfall. Die α-Strahlen sind 2fach positiv geladene He-Atome, die β-Strahlen schnelle Elektronen, die γ-Strahlen sehr harte Röntgenstrahlen. Das Element *Uran* ist eines der langlebigsten instabilen Elemente. Ein zweites Element dieser Art ist das *Thorium*. PIERRE (1859—1906) und MARIE CURIE (1867—1934) fanden, daß das Uranmineral Pechblende aus Joachimsthal stärker radioaktiv war, als seinem Urangehalt entsprach. Sie unternahmen es darauf, in mühsamer Arbeit aus vielen Tonnen von bereits uranfreien Pechblenderückständen die unbekannten radioaktiven Stoffe zu isolieren. Sie bedienten sich chemischer Fällungsreaktionen unter Kontrolle durch die sehr empfindlichen radioaktiven Messungen mit einem Elektroskop. Es gelang schließlich in vierjähriger Arbeit, $^1/_{10}$ g eines stark radioaktiven weißen Salzes zu gewinnen. Es fiel zusammen mit Bariumchlorid aus und ließ sich nur durch langwieriges Umkristallisieren von diesem trennen. Es war das Chlorid eines stark radioaktiven Elementes, das die CURIEs *Radium* nannten. Es ähnelt chemisch dem Barium, aber sein Atomgewicht ist 226 und seine Ordnungszahl 88. Acht Jahre nach der Entdeckung gelang es Frau CURIE, auch das reine Radiummetall herzustellen. Ein weiteres stark radioaktives Element, das den Namen *Polonium*, nach der Heimat von MARIE CURIE erhielt, glich chemisch dem Wismut, aber sein Atomgewicht ist 210 und seine Ordnungszahl 84. Das *Aktinium* wurde als weiteres radioaktives Element anschließend von ANDRÉ DEBIERNE entdeckt. Es hat das Atomgewicht 225 und die Ordnungszahl 89. Das Element 91 mit dem Atomgewicht 231 wurde später von OTTO HAHN entdeckt und *Protaktinium* genannt. Das Polonium erwies sich als wenig beständig. Nach einigen Jahren verschwand seine Aktivität. Wie man sieht, sind alle radioaktiven Elemente hochatomig, später wurden einige Ausnahmen entdeckt.

2. Die Strahlungen

Die nähere Untersuchung der Strahlungen radioaktiver Stoffe ergab, daß die α-Strahlen aus Heliumatomen mit doppelt positiver Elementarladung bestanden. Die Geschwindigkeit dieser Strahlen beträgt einige Zehntausend Kilometer in der Sekunde, also ungefähr ein Zehntel der Lichtgeschwindigkeit. Beim Durchgang durch ein Gas erzeugen sie eine große Zahl von Ionen. Wir erläutern den Unterschied zwischen einem Elektron und einem α-Teilchen sogleich durch eine Nebelkammeraufnahme (Abb. 56).

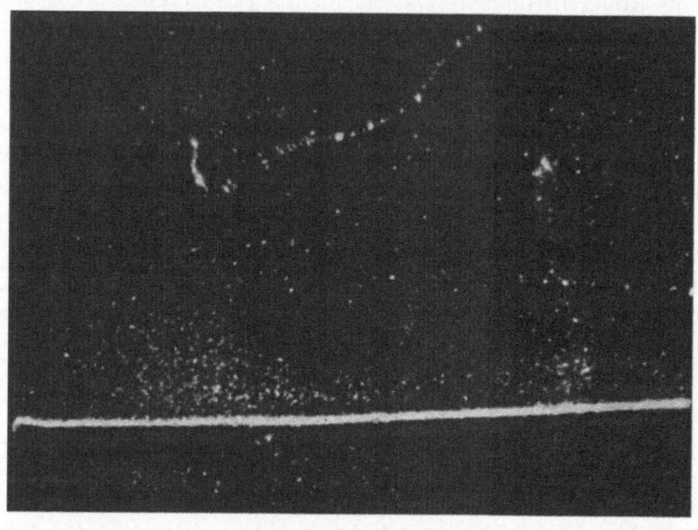

Abb. 56. Nebelspuren eines Elektrons (oben) und eines α-Teilchens (unten)

Oben sieht man die Nebelspur eines mittelschnellen Elektrons, unten die eines α-Teilchens. Sie unterscheidet sich von der des Elektrons erstens durch die größere Tröpfchen- oder Ionendichte, zweitens durch die völlige Geradlinigkeit. Die Spur des Elektrons ist dagegen wieder vielfach gekrümmt. Nur die Bahnen sehr schneller Elektronen, der sog. β-Strahlen, sind nahezu geradlinig. Die Nebenbildung auf der Spur des α-Teilchens ist sehr viel dichter, weil es auf dem gleichen Wege viel mehr Ionen erzeugt als das Elektron. Es durchquert auf seinem Wege Hundert-

tausende von Atomen und schlägt aus ihnen Elektronen heraus.
Die Bewegungsenergie wird allmählich durch den Arbeitsauf-
wand bei der Ionisierung verbraucht, so daß die Bahn schließlich
ein Ende hat. Die Reichweite eines α-Teilchens ist deshalb um so
größer, je größer seine Bewegungsenergie ist und beträgt in Luft
von Atmosphärendruck einige cm. Von besonderer Bedeutung
ist nun folgendes: Man bemerkt bisweilen, meist gegen Ende
der Reichweite einer α-Spur, einmalige Ablenkungen um beträcht-
liche Winkel, welche zeigen, daß ein α-Teilchen in seltenen Fällen

Abb. 57. Nebelspur eines Zusammenstoßes eines α-Teilchens mit einem
Sauerstoffatom

nahe an einem elektrisch hochgeladenen Kraftzentrum eines
Atoms vorüberfliegt. Die Tatsache, daß das schwere α-Teilchen
hierbei aus seiner geraden Bahn herausgeworfen wird, beweist,
daß auch die Masse in dem Kraftzentrum groß sein muß.

Abb. 57 zeigt einen sehr heftigen derartigen Zusammenstoß
eines α-Teilchens in einem Sauerstoffatom. Das Sauerstoffatom
hat dabei auch genügend Geschwindigkeit erhalten, um selbst eine
Spur zu bilden. So kommt die Gabelung der Spur zustande. Aus
den Spurlängen und den Winkeln zwischen der ursprünglichen
Richtung und den Gabelzinken kann man die Masse des gestoße-
nen Atoms ermitteln. Es sind dieselben einfachen Stoßgesetze,

die uns von dem Billardspiel her bekannt sind, die hier gelten. Die lange Spur ist die des α-Teilchens, die kürzere gehört dem Sauerstoffatom an.

3. Der Atomkern und das Atommodell von Rutherford

Die genaue Untersuchung dieser sog. Einzelstreuung der α-Strahlen führte LORD RUTHERFORD (1871—1937) und H. GEIGER (1882—1943) zu der grundlegenden Erkenntnis, daß im Zentrum eines Schwarmes von Elektronen auf äußerst kleinem Raum nahezu die ganze Masse des Atoms vereinigt ist. Dieser zentrale „Atomkern" besitzt genau die gleiche positive Kernladung wie die Summe sämtlicher negativer Elektronenladungen des Atoms. Das ganze Atom ist dann ungeladen.

Die Beobachtungen beweisen eindeutig, daß die starke Ablenkung, die das α-Teilchen durch einen Atomkern erfährt, auf eine abstoßende Kraft zwischen dem positiven Kern und dem α-Teilchen schließen läßt, die nach dem gewöhnlichen Coulombschen Kraftgesetz der Elektrostatik wirksam ist, nämlich verhältnisgleich den Ladungen und umgekehrt verhältnisgleich dem Quadrat des Abstandes von Kern und α-Teilchen. Die Kernladungszahlen Z verschiedener Kerne ließen sich hiernach ermitteln. Beim Aluminium fand man z. B. die Kernladung gleich 13 positiven Elementarladungen, beim Platin 78, beim Gold 79 und gerade so groß ist auch die Zahl der negativen Hüllenelektronen und die Ordnungszahl der betreffenden Elemente im Periodischen System von MENDELEJEFF.

Bei nahezu zentralem Stoß eines α-Teilchens auf den Atomkern, d. h. bei Ablenkung unter großen Winkeln von fast 180°, zeigten sich bei verhältnismäßig leichten Atomen Unstimmigkeiten zwischen Rechnung und Erfahrung, aus denen man schließen mußte, daß das Coulombsche Gesetz nur bis zu Abständen von 10^{-12} bis 10^{-13} cm (ein Zehntausendstel bis ein Hunderttausendstel Å) vom Kernmittelpunkt Geltung hat. Höchstens von dieser Größe kann deshalb die Ausdehnung des Kernes sein. Die Größe des Kerns verhält sich zu der des ganzen Atoms etwa wie ein Stecknadelkopf zu einem großen Saal. Die physikalischen Eigenschaften dieses innersten Atombestandteiles sind es, mit denen es die Kernphysik zu tun hat, die in den letzten Jahrzehnten einen so gewaltigen Aufschwung genommen hat. Auch die Atomkerne erwiesen sich als zusammengesetzte Gebilde. Diese Elementarteilchen des Kerns und die Kräfte, welche sie im Kern zusammenhalten, werden in der Kernphysik erforscht[1]. Die radioaktiven Atome sind instabile Gebilde, deren Kerne sich unter Ausstrahlung von α-Teilchen (Heliumkerne) oder β-Teilchen (Elektronen) in einen andern Kern und damit in ein anderes Atom umwandeln. Die γ-Strahlung, eine äußerst kurzwellige Wellenstrahlung, ist eine Begleiterscheinung solcher Umwandlungen. Durch einen derartigen Atomzerfall entstehen die verschiedenen Elemente der bekannten radioaktiven Zerfallsreihen, der Uran-, Aktinium- und Thorium-Reihe, als Kindeskinder ihrer Urahnen Uran und Thor, der schwersten natürlichen Elemente des Periodensystems. Der Ort im Periodensystem für jede einzelne Atomart läßt sich einfach daraus erkennen, daß beim Ausschleudern eines α-Teilchens sich die Ordnungszahl um 2 vermindern muß, gleichzeitig nimmt die Masse um vier Atomgewichtseinheiten ab. Bei einer β-Umwandlung nimmt die Kernladung und Ordnungszahl um eine Einheit zu, während die Masse praktisch unverändert bleibt.

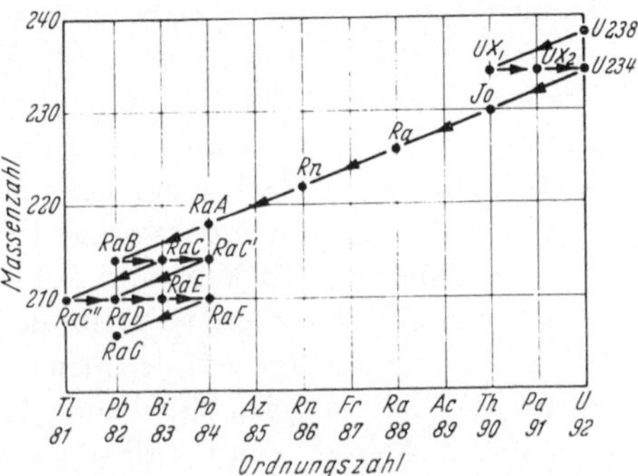

Abb. 58. Uran-Radiumreihe und Periodensystem. Abnahme der Ordnungszahl um 2, der Massenzahl um 4, α-Zerfall. Zunahme der Ordnungszahl um 1, Massenzahl unverändert: β-Zerfall. Elemente mit gleicher Ordnungszahl sind isotop, die mit gleicher Massenzahl, aber verschiedener Ordnungszahl, sind isobar; z. B. sind RaF, RaC′, RaA alles verschiedene Sorten des Poloniums. Sie sind isotop. Das Atomgewicht ist verschieden. RaC″, RaD, RaE, RaF haben alle die gleiche Massenzahl 210, aber RaC″ ist eine Thalliumart, RaD eine Bleiart, RaE eine Wismutart und RaF ist Polonium

---

[1] Es sei hier nur erwähnt, daß die Elementarteilchen, die den Kern bilden, Protonen und sog. Neutronen sind. Letztere sind Teilchen von nahezu gleicher Masse wie Protonen, aber ohne Ladung.

Die sog. Uran-Radiumreihe zeigt Abb. 58. Die Unterschrift gibt nähere Erklärungen. Die Reihe endet beim inaktiven Bleiisotop, Radium G. Die Ursache des radioaktiven Zerfalls ist uns im einzelnen nicht bekannt. Es ist vollkommen dem Zufall unterworfen, ob z. B. ein bestimmtes Atom des Radiums in der nächsten Sekunde oder erst nach vielen tausend Jahren explodiert. Da aber selbst in einer sehr kleinen Menge eines Stoffes eine ungeheuer große Zahl von Atomen enthalten ist, ist der zeitliche Ablauf des radioaktiven Zerfalles, den man beobachtet, durch einfache Wahrscheinlichkeitsgesetze geregelt, ähnlich wie die Sterblichkeit einer großen Menschenmenge. Nach einer bestimmten Zeit ist nur noch die Hälfte der Anfangsmenge vorhanden, wie man an der Abnahme der ionisierenden Wirkung auf den halben Wert feststellen kann, nach einem weiteren Verlauf der gleichen Zeit nur mehr ein Viertel und abermals nach der gleichen Zeit nur mehr ein Achtel usw. Die immer gleichbleibende Zeit, in der die Hälfte der gegebenen Menge eines radioaktiven Stoffes sich umwandelt, bezeichnet man als seine Halbwertszeit. Sie ist kennzeichnend für ein bestimmtes radioaktives Element. Die mittlere Lebensdauer der verschiedenen radioaktiven Elemente unterscheidet sich sehr stark. Das Uran hat eine Halbwertszeit von mehreren Milliarden von Jahren, das Radium von 1580 Jahren, das Polonium von 136,5 Tagen, die Thoriumemanation von nur 54,5 sec. Manche radioaktiven Elemente sind so unbeständig, daß ihre Halbwertszeiten nur ganz kleine Bruchteile von Sekunden betragen. Sehr lange und sehr kurze Halbwertszeiten lassen sich natürlich nur auf mittelbarem Wege, also nicht durch direkte Beobachtung ermitteln.

Alles, worüber wir hier kurz berichtet haben, ist mit dem Atommodell von RUTHERFORD gut beschreibbar. Aber wie so oft in der Physik widersprach ein derartiges Modell den Grundgesetzen der Physik. Die Elektronen mußten bei einem statischen Atommodell sogleich in den Kern hineingezogen werden. Stellte man sich die Elektronen um den Kern kreisend vor, so war zu bedenken, daß ein kreisendes Elektron nach den klassischen Gesetzen der Physik eine Strahlung aussendet, dabei Energie verliert und infolgedessen sich rasch dem Atomkern nähern und schließlich wieder in ihn hineinfallen muß. Rutherford ließ sich durch diesen Widerspruch nicht stören, und so hat man es stets in der Physik gemacht. Die Aufklärung der Paradoxie ließ nicht sehr lange auf sich warten. Niels Bohr, L. V. de Broglie, E. Schrödinger sind die großen Pioniere auf diesem Gebiete.

Es bleibt uns daher noch übrig, den letzten Teil dieses Buches den Fragen, die sich mit der Elektronenhülle des Atoms befassen, zu widmen. Das sind hauptsächlich die Vorgänge der Lichtemission des Atoms. Sie können heute als weitgehend geklärt betrachtet werden. Die Einzelheiten der Kernphysik dagegen, die wir soeben gestreift haben, müssen einem besonderen Band dieser Sammlung vorbehalten bleiben. Das Gebiet hat sich vor allem in den letzten Jahren so gewaltig entwickelt, daß eine gesonderte Darstellung notwendig ist.

XI. Die Bohrschen Elektronenbahnen und der Leuchtvorgang[1]

1. Die Grundannahmen

Wir kehren nochmals zum Rutherfordschen Atom-Modell zurück: Ein Kern mit der positiven Ladung Z wird von Z Elektronen planetenartig umkreist. Das Gebilde ist nach außen elektrisch neutral. Die Stabilität der Elektronenbahnen ist dadurch gewährleistet, daß sich Zentrifugalkraft und Coulombsche elektrische Anziehungskraft der ungleichnamigen Ladungen von Kern und Elektron das Gleichgewicht halten. Während vom Standpunkt der klassischen Mechanik das Modell vollauf befriedigend ist, ist es das vom Standpunkt der Elektrodynamik keineswegs. Aus diesem Dilemma hat erst die Quantentheorie einen Ausweg gefunden, und zwar durch die geniale Idee von Niels Bohr, der die von Max Planck begründete Quantentheorie auf das Atom anwandte. Bei der Aufstellung seines Atommodells ging Bohr von folgenden Annahmen aus:

1. Aus der unendlichen Mannigfaltigkeit der klassisch möglichen Elektronenbahnen um den Kern wird durch eine besondere

---

[1] Die Kap. XI bis XVI sind von Dr. O. Buhl † und Dr. F. Fraunberger verfaßt.

Vorschrift über den Drehimpuls eine diskrete, abzählbare Menge von Bahnen ausgewählt. Diese Bahnen sind stabil; auf ihnen bewegen sich die Elektronen ohne Energieverlust durch Ausstrahlung.

2. Es können Übergänge von Elektronen von einer Bahn auf eine andere stattfinden. Die dabei zu überbrückenden Energieunterschiede können in Form von Strahlungsquanten aufgenommen bzw. abgegeben werden.

Zu 1. Der Drehimpuls hat dieselbe physikalische Dimension wie das Plancksche Wirkungsquantum, nämlich erg sec. Die erwähnte Vorschrift lautet: Nur solche Bahnen sind möglich, deren Drehimpulse, also die Produkte Elektronenmasse mal Bahnradius mal Elektronengeschwindigkeit, ganzzahlige Vielfache von $\dfrac{h}{2\,\pi}$ sind (siehe Anhang).

Die zur Zeit ihrer Aufstellung ungeheuer gewagt erscheinende Bohrsche Hypothese konnte zwar damals noch nicht die Einwände der klassischen Elektrodynamik beseitigen, jedoch zeigte sich sofort ihre ungeheure Fruchtbarkeit für das Verständnis der Atomspektren. Erst die weitere Entwicklung der Quantentheorie zur Wellen- und Quantenmechanik konnte das Bohrsche Atommodell nachträglich rechtfertigen. Seine Begründung vom Standpunkt DE BROGLIEs, des Begründers der sog. Wellenmechanik, wird im Anhang gegeben. Unter Vorwegnahme dieses Ergebnisses ist der Radius r_n und die Energie E_n eines Elektrons auf der mit der Nummer n (der sog. Hauptquantenzahl) versehenen Bahn:

$$r_n = \frac{e^2}{2\,Rch} \cdot \frac{n^2}{Z} \; ; \quad E_n = -\,Rch\,\frac{Z^2}{n^2} \, .$$

Dabei ist R die sogenannte Rydbergkonstante, gegeben durch $R = \dfrac{2\,\pi^2\,me^4}{ch^3} = 1{,}09737 \cdot 10^5\,\mathrm{cm^{-1}}$, sofern man für m, e, c und h die bekannten Werte für Masse und Ladung des Elektrons, Lichtgeschwindigkeit und Plancksche Wirkungsquantum einsetzt, nämlich: $m = 9{,}107 \cdot 10^{-28}$ g, $e = 1{,}602 \cdot 10^{-19}$ Amp·sec, $c = 2{,}998 \cdot 10^{10}$ cm/sec, $h = 6{,}62 \cdot 10^{-34}$ Watt/sec². Z ist die Kernladungszahl. Sie ist 1 für den Fall des Wasserstoffatoms, für das wir uns zunächst interessieren wollen. Die ersten 4 Kreisbahnen sind maßstabsgetreu in Abb. 59 wiedergegeben. Für den Radius der ersten Bohrschen Bahn findet man: $r_1 = 0,529 \cdot 10^{-8}$ cm. Dieser Wert deckt sich durchaus mit den von der kinetischen Gastheorie vorausgesagten Größen der Atomradien. Man erhält alle Bahnen, wenn die Hauptquantenzahl n alle ganzen Zahlen von 1 bis unendlich durchläuft. $n = 1$ bedeutet innerste Bahn mit stärkster Bindung an den Kern. In diesem Zustand geringster Energie hält sich das Elektron normalerweise auf. Man bezeichnet ihn als Grundzustand. Mit zunehmendem Radius ($n = 2, 3, 4$ usw.) wird

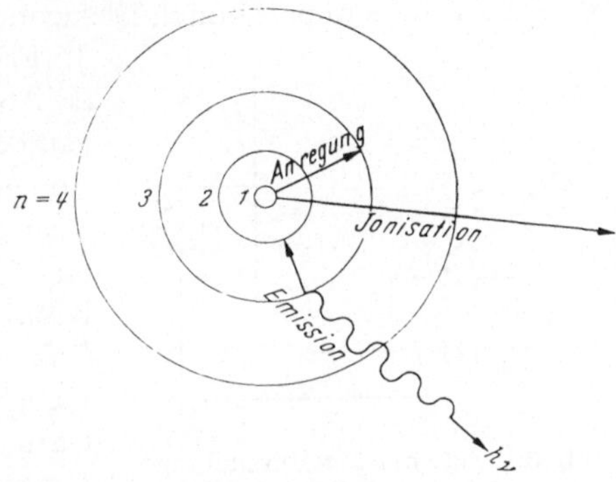

Abb. 59. Die Bohrschen Kreise, die zu den Quantenzahlen $n = 1$ bis 4 gehören. Die Radien wachsen im Verhältnis $1 : 4 : 9 : 16$

die Bindung immer lockerer, bis sie bei $n = \infty$[1] ganz verschwindet. In diesem Zustand ist das Elektron frei; da sein zugehöriger Bahnradius dann sehr, sehr groß ist, kann es nicht mehr als dem Atom zugehörig gerechnet werden. Man sagt, das Atom ist „ionisiert". Die Energie, um eine Elektron aus dem Grundzustand in den ionisierten Zustand zu überführen, die Ionisationsenergie, ist somit: $E_i = E_\infty - E_1 = R c h Z^2$.

2. Anregung durch Energiezufuhr

In welcher Form erfolgt nun die Energieübertragung, die das Elektron zum Wechsel seiner jeweiligen Quantenbahn veranlaßt? Dies ist auf zweierlei Weise möglich, nämlich durch mechanischen Stoß oder durch Strahlungsabsorption. Da Strahlung nach der Lichtquantenhypothese korpuskular aufgefaßt wird, nämlich als Strom von Energiequanten der Größe $h\nu$ (ν ist die Frequenz der Strahlung), lassen sich beide Vorgänge gleichartig beschreiben. Wir betrachten zunächst den Vorgang der „Anregung" eines

---

[1] ∞ bedeutet „unendlich".

Atoms, d. h. der Überführung des Elektrons vom Grundzustand in einen Zustand höherer Energie.

Der erste der eben genannten Fälle, nämlich die Stoßanregung, ist realisiert in dem berühmten Elektronenstoßversuch (1913) von J. FRANCK und G. HERTZ (s. Abb. 60). Aus einer Glühkathode K austretende Elektronen werden durch Anlegen einer Spannung U zwischen K und einem Gitter G in den Raum zwischen K und G hineinbeschleunigt, in dem sich Quecksilberatome befinden. Dazu genügt ein Tropfen Quecksilber (Hg) in der im übrigen hochvakuierten Röhre

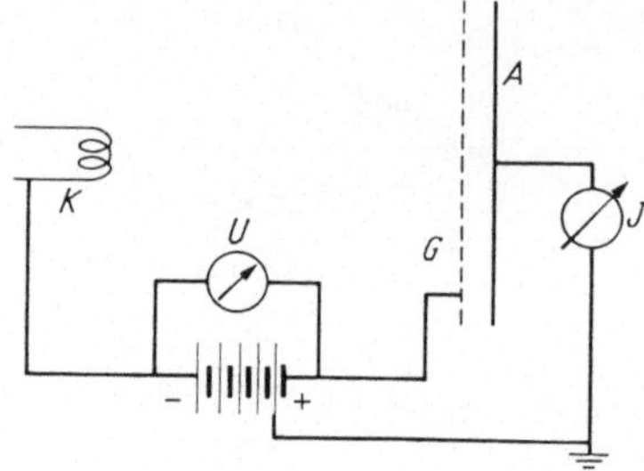

Abb. 60. Schema der Versuchsanordnung von FRANCK und HERTZ

und Erhitzung der Röhre auf etwa 100° C. Hinter G befindet sich ein Auffänger A mit einer gegenüber G um 0,5 Volt niedrigeren Spannung. Der von A gemessene Elektronenstrom ergibt in Abhängigkeit von der angelegten Gitterspannung U folgendes Bild (Abb. 61): Zunächst steigt der Elektronenstrom mit Steigerung der Spannung U an. Die kinetische Energie, mit der sie am Gitter ankommen, ist gegeben durch $m/2 \cdot v^2 = eU$. Die Beschleunigungsspannung ist danach ein Maß für die Elektronenenergie, man mißt sie in „Elektronenvolt". In dem Versuch von FRANCK und HERTZ erleiden die Elektronen auf ihrem Weg zum Gitter Zusammenstöße mit Quecksilberatomen. Die übertragene Stoßenergie ist aber wegen des großen Massenunterschieds zwischen

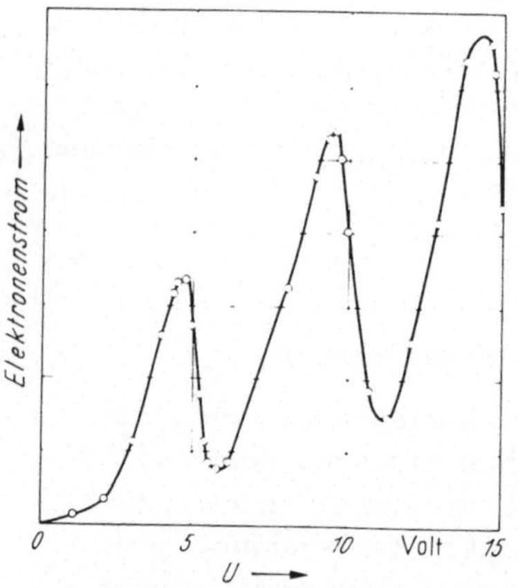

Abb. 61. Zusammenhang von Auffängerstrom und Spannung beim Franck-Hertz-Versuch

Quecksilberatom und Elektron nur sehr klein. Das Elektron wird elastisch, mit praktisch unveränderter Energie reflektiert und findet schließlich auf einem Zickzackkurs seinen Weg bis G (Abb. 60), durch G hindurch bis zum Auffänger und durch den Strommesser zur Erde. Bei weiterer Steigerung der Spannung findet aber plötzlich ein Abfall des Stromes statt, und zwar bei $U = U_a = 4,9$ Volt. Offenbar verlieren die Elektronen dieser Energie beim Zusammenstoß mit einem Hg-Atom ihre Geschwindigkeit vollständig und sind nicht mehr in der Lage, gegen das Gegenfeld zwischen G und A anzulaufen. Das im Grundzustand des Hg-Atoms befindliche Elektron ist dabei auf seinen ersten, 4,9 Volt darüber liegenden Anregungszustand gehoben worden. Bei weiterer Spannungssteigerung wiederholt sich das Spiel: Der Strom steigt wieder mit zunehmender Spannung, bis die Elektronen schließlich bei $2 \cdot 4,9 = 9,8$ Volt zum zweitenmal die Anregungsenergie des Hg erreichen, was sich in einem zweiten Stromminimum ausdrückt usw.

3. Der Leuchtvorgang

Gleichzeitig fanden FRANCK und HERTZ, als sie den Spalt eines Quarzspektrographen auf das Versuchsrohr richteten, das Aufleuchten der ultravioletten Hg-Linie der Wellenlänge $\lambda = 2537\,\text{Å}$ in dem Augenblick, in dem die Gitterspannung den Wert $U_a = 4,9$ Volt überschritt. Das ist genau die Wellenlänge $\lambda = \dfrac{c}{\nu}$, deren zugehöriges Lichtquant die Bedingung erfüllt:

$$h\nu = e \cdot U_a\,.$$

Mit diesem Versuch sind die Bohrschen Hypothesen direkt bestätigt, wonach die Atome definierter Zustände höherer Energie fähig sind, von denen aus sie unter Aussendung von Licht in den Grundzustand zurückkehren können. Die Zeitdauer, innerhalb derer die Rückkehr erfolgt, ist sehr kurz, nämlich etwa 10^{-8} sec, was W. WIEN aus dem Abklingen des Leuchtens schneller Kanalstrahlen im höchsten Vakuum folgern konnte. Während dieser Zeit legen die Kanalstrahlen Strecken von etwa 1 cm zurück, und man kann die Abnahme des Leuchtens auf dem Strahlweg verfolgen.

Mit der Anordnung von Franck und Hertz gelang es auch, höhere Anregungsstufen aufzufinden. Auch die Bestimmung der Ionisierungsenergie E_i ist sehr einfach. Man muß nur die Gegenspannung zwischen G und A so groß machen, daß auf keinen Fall ein Elektron den Auffänger erreichen kann. Wenn der Auffänger überhaupt einen Strom registriert — und das ist oberhalb einer Gitterspannung U_i der Fall —, so rührt dieser von positiven, durch Elektronenstoß gebildeten Ionen her, die in Richtung zum Auffänger beschleunigt werden. U_i ist somit die Ionisierungsspannung. Sie beträgt für Wasserstoff 13,54 Volt, in Übereinstimmung mit der theoretischen Beziehung $E_i = eU_i = Rch$.

4. Das Spektrum des Wasserstoffs

Der Versuch von Franck und Hertz kann somit als experimentelles Fundament der Bohrschen Theorie angesehen werden. Ihr größter Erfolg war die Deutung der bis dahin noch vollständig unverstandenen Atomspektren. Das einfachste seiner Art, das

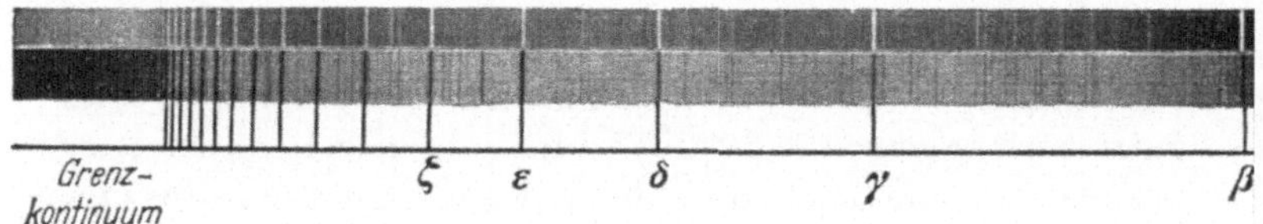

Abb. 62. Eine Folge von Wasserstofflinien (Balmer-Serie). Oben: in Emission; unten: in Absorption. Kurzwellige Seite links, roter Teil rechts

Spektrum des Wasserstoffs, kann man z. B. beobachten, wenn man eine Entladung durch eine mit Wasserstoff von wenigen mm Druck gefüllte Geißlersche Röhre gehen läßt. Im Spektroskop[1] erkennt man eine Reihe von scharfen Linien (Abb. 62), deren Aufeinanderfolge bereits 1885 J. J. Balmer (1825—1898) zur

---

[1] Ein Spektralapparat erzeugt mit dem zu untersuchenden Licht so viele nebeneinanderliegende Bilder eines linienförmigen Spaltes, als „Wellenlängen" in dem betreffenden Licht enthalten sind. Die Lage dieser Spaltbilder, der sog. Spektrallinien, die auf einer photographischen Platte festgehalten werden, steht im eindeutigen Zusammenhang mit den Wellenlängen oder Schwingungszahlen, aus denen sie entstehen. Je kleiner die Linienabstände, um so kleiner die zugeordneten Wellenlängenunterschiede. Näheres im Band 35 dieser Sammlung.

Aufstellung eines empirischen Seriengesetzes veranlaßte. In der Formulierung, die ihm später J. R. Rydberg (1854—1919) gegeben hat, lautet es:

$$\tilde{\nu} = \frac{1}{\lambda} = R\left(\frac{1}{2^2} - \frac{1}{n^2}\right),$$

wobei n alle Zahlen von 3 an aufwärts durchläuft. $\tilde{\nu}$ ist die sog. Wellenzahl $\frac{1}{\lambda}$, die Zahl der Wellen auf der Strecke von 1 cm Länge, R die Rydberg-Konstante (s. S. 90). Im Lichte der Bohrschen Theorie ist die Deutung der Balmer-Serie ganz einfach. Erweitert man die empirische Formel mit $c \cdot h$, so erhält man die Energie des Lichtquants:

$$h\nu = Rch\left(\frac{1}{2^2} - \frac{1}{n^2}\right) = E_2 - E_n.$$

Danach entspricht der Aussendung einer Balmerlinie ein Elektronenübergang von einer Bahn mit der Hauptquantenzahl n auf die Bahn mit der Hauptquantenzahl 2. Eine Gegenüberstellung der berechneten und gemessenen ersten 12 Linien der Balmerserie zeigt die Tab. 1, die uns gleichzeitig einen Begriff der außerordentlichen spektroskopischen Meßgenauigkeit vermittelt.

Tabelle 4

Bezeichnung der Linie	n	beobachtete Wellenlänge in Ångström	berechnete Wellenlänge in Ångström
H_α	3	6563,07	6563,07
H_β	4	4861,32	4861,57
H_γ	5	4340,47	4340,63
H_δ	6	4101,73	4101,90
H_ε	7	3970,07	3970,22
H_ζ	8	3888,99	3889,20
H_η	9	3835,35	3835,53
H_ϑ	10	3797,91	3798,04
H_ι	11	3770,78	3770,77
$H_\varkappa$	12	3750,25	3750,36
H_λ	13	3734,54	3734,51
H_μ	14	3722,04	3722,08
H_ν	15	3712,14	3712,11

Die Rechnung wurde allerdings mit einer im Vergleich zur theoretischen etwas zu kleinen Rydbergkonstanten, nämlich mit $R = 109\,677\ \mathrm{cm}^{-1}$, durchgeführt. Die Theorie konnte auch diesen kleinen Unterschied aufklären. Die Elektronenbewegung erfolgt nämlich nicht etwa um den ruhenden Kern, sondern Kern und Elektron rotieren beide um den gemeinsamen Schwerpunkt. Das hat zur Folge, daß in die Formel für die Rydbergkonstante (Anhang) statt der Elektronenmasse m die „reduzierte" Masse $m \Big/ \Big(1 + \dfrac{m}{M}\Big)$ eingeht, wobei M die Masse des Atomkerns ist. Diese kleine Korrektur erbringt nun vollste Übereinstimmung zwischen Theorie und Experiment, ein glänzender Triumph für die Beweiskraft des Bohrschen Atommodells.

Eine weitere wichtige Konsequenz war diese: Das Atom des „schweren Wasserstoffs", Deuterium, besitzt einen Kern von doppelter Masse als der gewöhnliche Wasserstoff. Folglich muß die Rydbergkonstante des Deuteriums die reduzierte Elektronenmasse $m \Big/ \Big(1 + \dfrac{m}{2\,M}\Big)$ enthalten. Dies wirkt sich dahin aus, daß alle Deuteriumlinien gegen die Linien des Wasserstoffs um einen geringen Betrag nach Violett verschoben sind (Abb. 63). Auf diese Weise entdeckte H. C. Urey dieses wichtige Isotop.

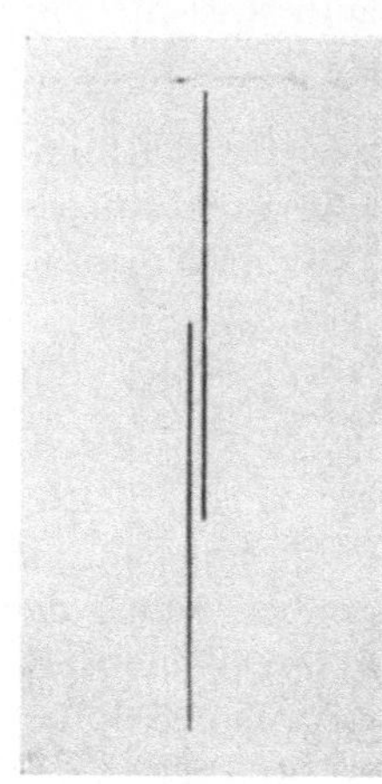

Abb. 63. Eine Spektrallinie des schweren Wasserstoffs (rechte Linie) ist gegen die entsprechende des gewöhnlichen Wasserstoffs geringfügig verschoben, weil die Massen der Atomkerne verschieden sind

Die Entstehung der Spektrallinie aus der Kombination zweier Energieniveaus oder in Wellenzahlen zu messender „Spektralterme" erwies sich als ein für die Spektroskopie äußerst fruchtbares Prinzip. Die Anwendung dieses von W. Ritz (1878—1909) aufgestellten „Kombinationsprinzips" auf das Wasserstoffatom liefert nach der Bohrschen Theorie die Gesamtheit aller Spektrallinien:

$$\tilde{\nu} = R \left(\frac{1}{m^2} - \frac{1}{n^2} \right).$$

Wir stellen sie durch Übergänge in einem Termschema nach Art der Abb. 64 dar. $m = 2$, $n = 3, 4, \ldots$ gibt die soeben besprochene

im Sichtbaren gelegene Balmerserie, $m = 1$, $n = 2 \ldots$ liefert die von
Lyman im Ultraviolett gefundene, $m = 3$ die von F. Paschen
(1865—1947) im Ultrarot entdeckte Spektralserie, während diejenigen mit $m = 4$ und $m = 5$ im ferneren Ultrarot liegen. Alle Linien
einer Serie häufen sich für große n an einer durch die Ionisationsenergie des Atoms gegebenen Grenze. Sie werden immer dann
emittiert, wenn eine hinreichende Anregung vorausgegangen ist.

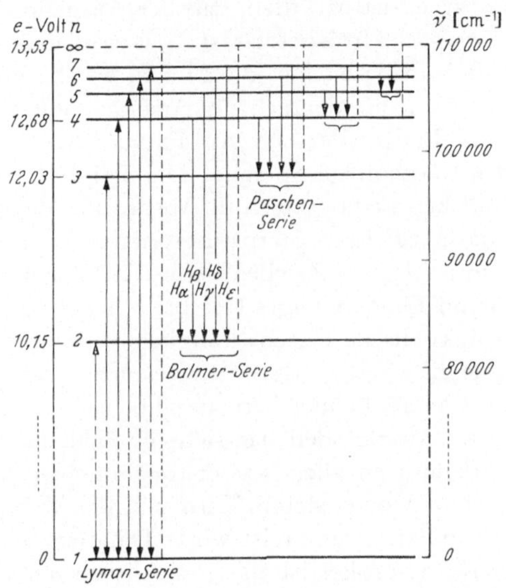

Abb. 64. Termschema des Wasserstoffatoms. Als „Terme" bezeichnet
man die Ausdrücke „Energie dividiert durch $h \cdot c$"

In einer Gasentladung erfolgt eine solche im allgemeinen durch
Elektronenstoß. In einer Flamme können Atome, z. B. Natrium-
atome aus Kochsalz, zum Leuchten angeregt werden durch Über-
tragung kinetischer Stoßenergie der sich in heftiger Molekularbewegung befindlichen Atome. Nach der Bohrschen Theorie muß
grundsätzlich ein Atom die von ihm emittierten Spektrallinien
auch absorbieren können. Das ist in der Tat der Fall. Ein Beispiel
dafür sind die dunklen Linien im Sonnenspektren, welche von
J. v. Fraunhofer (1787—1826) entdeckt worden sind. Man hat
sich ihr Zustandekommen so vorzustellen, daß das Licht der

glühenden Sonnenoberfläche, deren Temperatur etwa 6000° C beträgt, eine etwas kühlere Atmosphäre durchsetzt, bestehend aus Atomen der verschiedensten Art (z. B. Na, Ca usw.). Diese Atome werden durch die auffallende Strahlung angeregt, wobei das der aufzuwendenden Energie entsprechende Lichtquant absorbiert wird. Die Übergänge in Abb. 64 haben wir in diesem Fall mit umgekehrter Pfeilrichtung zu versehen. Voraussetzung für Absorbierbarkeit ist natürlich, daß der Ausgangszustand tatsächlich mit einem Elektron besetzt ist. Das ist stets erfüllt für den Grundzustand. Man bezeichnet die Linien, welche vom Grundzustand ihren Ausgang nehmen, in Analogie zur Akustik als Resonanzlinien. In dem Versuch von FRISCH (S. 66) kam dieses Resonanzleuchten schon zur Sprache. Die Balmer-Linien können unter gewöhnlichen Bedingungen in Absorption nicht auftreten. Wenn man sie in gewissen Sternatmosphären (s. dazu Abb. 62) doch findet, so ist das ein Zeichen dafür, daß deren Temperatur mehrere Tausend Grad beträgt. Die bei solchen Temperaturen herrschende Maxwellsche Geschwindigkeitsverteilung läßt einen Teil der Atome die zweiquantige Energiestufe erreichen, von der aus die Absorption der Balmer-Serie möglich ist.

Das Bohrsche Atommodell hat sich schließlich nicht nur an Wasserstoff, sondern an allen wasserstoffähnlichen Atomen bewährt. Dies sind Atome, deren Kern wie bei Wasserstoff von einem einzigen Elektron umkreist wird. Da aber die Ordnungszahl Z dieser Kerne größer ist als 1, und ihnen nur ein einziges Elektron zugeordnet ist, ist das Ganze ein $(Z-1)$fach geladenes Ion. Das einfach geladene Helium-Ion $(Z = 2)$ und das doppelt geladene Lithium-Ion $(Z = 3)$ sind z. B. solche wasserstoffähnlichen Ionen. Man erhält ihr Spektrum durch Funkenentladungen oder allgemeine Entladungen hoher Energie in diesen Gasen oder Dämpfen. Ihre Spektren sind kurzwelliger als die entsprechenden Wasserstofflinien wegen des Auftretens des Faktors Z^2 in der Rydberg-Formel

$$\nu = R_z\, Z^2 \left(\frac{1}{m^2} - \frac{1}{n^2} \right),$$

wobei der Index z bei R andeutet, daß die Korrektur an der Rydbergkonstanten wegen der Mitbewegung eines schwereren Kernes etwas anderes, und zwar meßbar geringer ist als bei

Wasserstoff. Die Wasserstoffähnlichkeit der Funkenspektren der angeführten Reihe ist übrigens ein Spezialfall des von A. SOMMER-FELD und W. KOSSEL (1888—1956) aufgestellten spektroskopischen Verschiebungssatzes. Danach ist das Spektrum eines beliebigen Atoms ähnlich dem des einfach positiv geladenen Ions des im Periodensystems der Elemente ihm folgenden Elements und dem des zweifach ge-ladenen Ions des zwei Stellen weiter rechts stehenden Elements usw.

5. Die Spektren der Alkalimetalle

Auch die Spektren der Alkalimetalle (Li, K, Na, Rb, Cs) lassen sich als Einelektronenspektren behandeln. Diese Metalle folgen im Periodensystem den Edelgasen. Die Elektronen derselben bilden jedoch ein so abgeschlossenes System, daß ein neu hinzukommendes Elektron praktisch alleinständig bleibt. Trotzdem sind die Alkalispektren viel komplizierter als die der ausgesprochenen Ein-

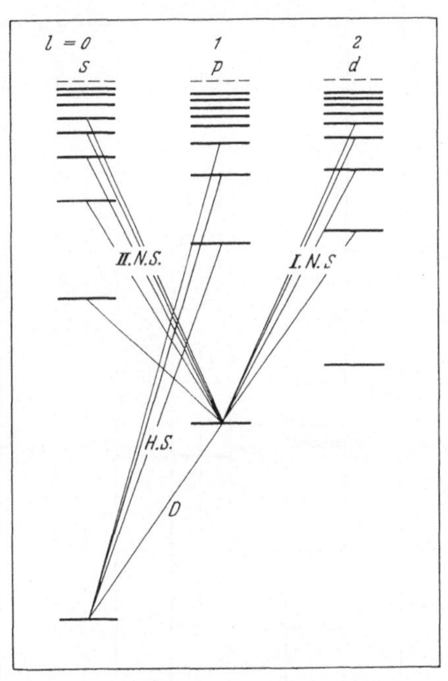

Abb. 65. Auftreten mehrerer Termleitern bei den Alkaliatomen (vereinfacht)

elektronensysteme. Es bedarf mehrerer Termleitern, um die aus den Linien zu erschließenden Übergänge ordnen zu können. Im allgemeinen reichen drei Leitern hin, die mit den historischen Buchstaben s, p, d bezeichnet werden (Abb. 65). Die Übergänge, die zu den lichtstärksten Serien führen, erfolgen von den Sprossen einer Leiter zur untersten Stufe der Nachbarleiter hin. Die Serien haben die Namen Hauptserie, I. und II. Neben-

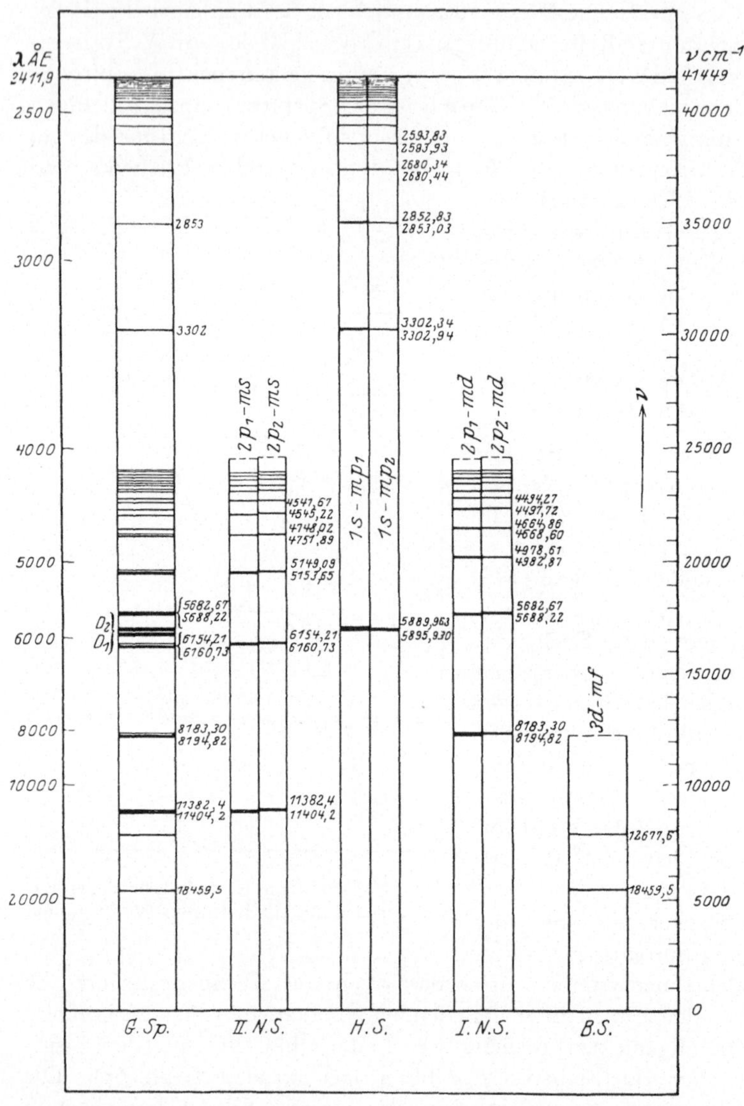

Abb. 66. Das Gesamtspektrum (*G*) des Alkalimetalls Natrium und seine Aufgliederung in Hauptserie, Nebenserien (I und II) und Bergmannserie

serie. In Abb. 66 ist das Gesamtspektrum dargestellt, wie es der Spektralapparat liefert, und die Aufgliederung in die genannten Teilserien. Wieviel Mühe und Scharfsinn für derlei Entwirrungen notwendig waren, ist am fertigen Ergebnis leider nicht mehr erkennbar.

6. Die Nebenquantenzahl

Wieso es zu mehreren Termleitern mit unterschiedlichen Sprossenabständen kommt, konnte A. SOMMERFELD erklären. Er fand, daß die Quantentheorie fordert, vor allem Ellipsenbahnen als allgemeinste Bahnform zu betrachten; die Kreisbahnen erscheinen dann nur als Sonderfälle der ersteren. Es war nötig, zu einer Hauptquantenzahl n noch sog. Nebenquantenzahlen l einzuführen, nämlich die Zahlen $l = 0$, 1, 2, ... $(n - 1)$ für eine Hauptquantenzahl n. Diese Zahlen sind ein Maß für die kleinen Achsen, für die Schlankheit der Ellipsen, derart, daß je größer l wird, um so mehr die Kreisform angenähert wird. Abb. 67 zeigt die vier Bahnformen, die zur Hauptquantenzahl $n = 4$ gehören. Die physikalische Bedeutung der Zahl l ist, daß sie den Bahndrehimpuls p bestimmt:

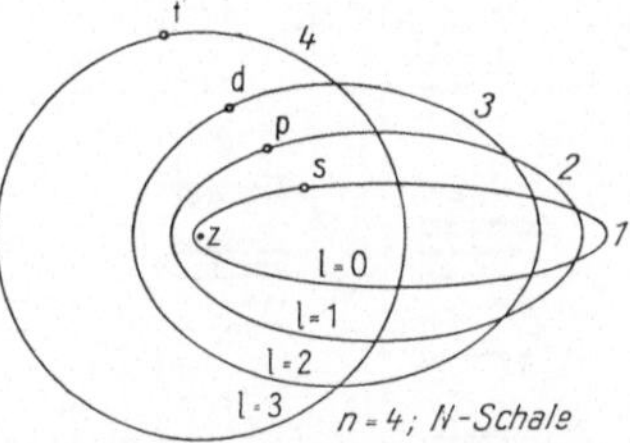

Abb. 67. Eine Familie von vier Bahnen, die alle zur gleichen Hauptquantenzahl n und zu den verschiedenen Nebenquantenzahlen l gehören. $n = 4$, $l = 0$, 1, 2, 3. In dieser Reihenfolge heißen die Bahnen auch s-, p-, d-, f-Bahnen

$$p = l \cdot \frac{h}{2\,\pi}.$$

Demnach dürfte die exzentrischste Bahn mit $l = 0$ überhaupt keinen Drehimpuls haben. Die Mikrowelt des Atoms verschließt sich zuweilen unserem Wunsch nach Anschaulichkeit.

Jetzt wird das Auftreten von mehreren Termleitern klar. Die s-Leiter faßt die Termstufen zusammen, die den Bahnen mit der Nebenquantenzahl 0 zukommen, die p-Leiter gehört zu den Bahnen mit der Nebenquantenzahl 1 usw.

Woher aber die unterschiedlichen Sprossenabstände? Sie werden bedingt durch den Umstand, daß für die Elektronen auf schlanken Bahnen eine größere Kernladungszahl wirksam wird als für die Elektronen auf gedrungenen Bahnen. Die Elektronen der letzten Art spüren nicht die Kernladung Z, sondern nur die Kernladung 1, da $(Z-1)$ Ladungen des Kerns von $(Z-1)$ Elektronen des Edelgasrumpfes abgeschirmt werden. Hingegen tauchen die Elektronen auf den schlanken Bahnen in die Ladungswolke des Rumpfes ein, überwinden also die Abschirmung, so daß sie während ihres Aufenthaltes in Kernnähe einer erhöhten Kernladungszahl unterliegen.

Im Mittel wirkt also für s-Bahnen $(l = 0)$ eine andere Kernladung Z als für p-Bahnen $(l = 1)$; demzufolge werden auch die Bohrschen Ausdrücke für die zugeordneten Energien, die ja mit Z^2 gehen, und entsprechend die Termlagen, verschieden.

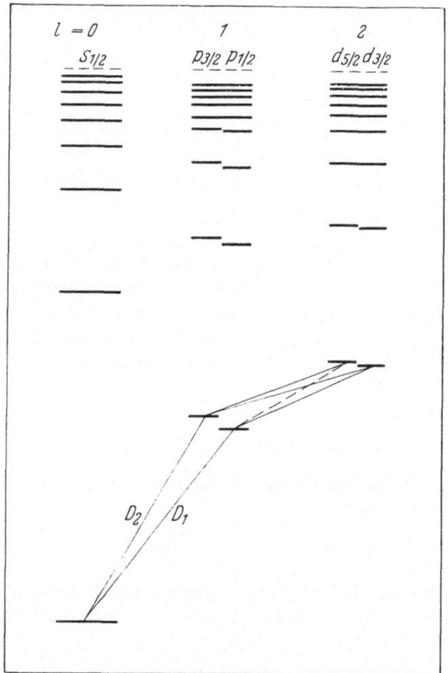

Abb. 68. Notwendige Unterteilung der Termleitern, um die Dublettstruktur beschreiben zu können

7. Die Dublett-Struktur und der Elektronenspin

Bringt man in eine Gas- oder Spiritusflamme ein paar Körnchen Kochsalz, so leuchtet sie in gelber Farbe auf. Betrachtet man dieses Licht mit einem einfachen Spektroskop, dann sieht man eine einzige gelbe Linie. Diese Linie erscheint auch als eine sehr ausgeprägte Absorptionslinie im Sonnenspektrum. J. FRAUNHOFER bezeichnet sie mit dem Buchstaben D. Sie geht in Emission hervor aus dem Elektronenübergang von der tiefsten Termstufe der p-Leiter zur tiefsten

s-Stufe (Abb. 65). Aber bei besser auflösenden Spektralapparaten ist sie keine einfache Linie mehr, sondern ein Linienpaar von rund 6 Å Abstand, und nicht nur diese gelbe, alle Linien der Hauptserie und der zweiten Nebenserie sind Dubletts. Die Linien der ersten Nebenserie erweisen sich sogar als Drillinge (sog. zusammengesetzte Dubletts), wenngleich je 2 Komponenten praktisch zusammenfallen und so doch wieder ein Dublett vortäuschen.

Man trägt diesem Befund im Termschema dadurch Rechnung, daß man die p-Leiter und die d-Leiter abermals unterteilt in 2 Teilleitern, die mit $p_{3/2}$ und $p_{1/2}$ bzw. $d_{5/2}$ und $d_{3/2}$ bezeichnet werden (Abb. 68).

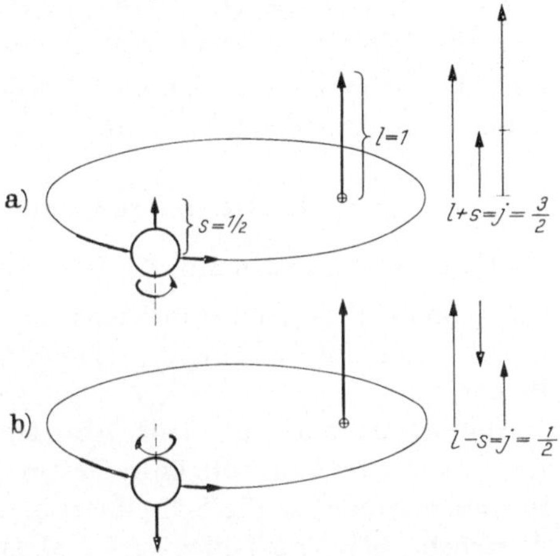

Der Anlaß zu dieser Aufspaltung liegt an der Mitwirkung des Elektronenspins, der

Abb. 69. Die Wirkung des Elektronenspins als Ursache der Termaufspaltung

Tatsache also, daß Elektronen eine Drehung um ihre eigene Achse ausführen und dadurch ebenfalls einen Drehimpuls erhalten (S. 49).

Es sind nun zwei Möglichkeiten zu betrachten: Entweder der Drehsinn von Bahnumlauf und Eigendrehung der Elektronen sind gleichgerichtet (Abb. 69a) oder entgegengerichtet (Abb. 69b). Beide Bewegungen erzeugen als Bewegungen von elektrischen Ladungen magnetische Felder. Das Zusammenspiel derselben ist im Fall a von etwas anderem Einfluß auf den Energieinhalt des spinlos gedachten Zustandes als im Fall b. Daher die Energie bzw. Termaufspaltung innerhalb der p- und d-Leiter (Abb. 68).

Die Einführung des Elektronenspins in die Spektroskopie verdanken wir S. A. GOUDSMIT und G. F. UHLENBECK (1925). Sie konnten zeigen, daß sich viele bisher unverstandene Züge im

Antlitz der Spektren erklären lassen, wenn man annimmt, daß der Spin eines einzelnen Elektrons immer den Betrag $\frac{1}{2} \frac{h}{2\pi}$ besitzt. Bisher war davon die Rede, daß die Drehimpulse bei Bahnumlauf nur die Beträge

$$1 \cdot \frac{h}{2\pi}, \; 2 \cdot \frac{h}{2\pi}, \; 3 \cdot \frac{h}{2\pi} \cdots,$$

also ganzzahlige Vielfache von $\frac{h}{2\pi}$ annehmen können (S. 101). Dem Elektron kommt demnach hinsichtlich seines Eigendrehimpulses eine Sonderstellung zu.

8. Die innere Quantenzahl j

Es ist Brauch geworden, die Impulseinheit $\frac{h}{2\pi}$ nicht jedesmal anzuschreiben, es genügt meistens, sie zu denken. Dann hat ein Elektron auf einer p-Bahn ($l = 1$) den Impuls 1, der Spin aber den Betrag $1/_2$.

Angewandt auf den Fall Abb. 69a: Gesamtdrehimpuls $= 1 + 1/_2 = 3/_2$; im Fall Abb. 69b: Gesamtdrehimpuls $= 1 - 1/_2 = 1/_2$. In diesem Sinne ist die Schreibweise $p_{3/_2}$ und $p_{1/_2}$ in Abb. 68 zu verstehen. Bei der s-Leiter ist $l = 0$. Hier hat nur ($0 + 1/_2$) einen Sinn, da es negative Beträge von Drehimpulsen nicht gibt. Deswegen ist die s-Leiter nicht aufgespalten.

Wir haben aus der Bahnquantenzahl l und der Spinquantenzahl $s = 1/_2$ die neuen Zahlen $j = 3/_2$ und $j = 1/_2$ gebildet.

Solche aus l und s-Werten gebildeten Zahlen heißen „innere" Quantenzahlen. Multipliziert gedacht mit $\frac{h}{2\pi}$, geben sie den resultierenden Drehimpuls an, der durch das Zusammenwirken von Bahnumlauf und Eigendrehung entsteht.

9. Mehr-Elektronen-Systeme

Der allgemeine Fall des Zusammenwirkens beliebig vieler Außenelektronen würde ein unüberwindlich schwieriges Problem schaffen, wenn die Natur uns nicht den Gefallen täte, nach bestimmten Elektronenzahlen, die zu sog. Schalenabschlüssen führen, gleichsam wieder von vorne anzufangen (Näheres in Abschnitt XIV). Elektronen, die solchen abgeschlossenen Schalen angehören, sind am Leuchtgeschehen unbeteiligt. Aber es ist eine Folge des erwähnten Neuanfangens, daß mit fortschreitender Zunahme der Elektronenzahl spektroskopische Typen wiederkehren, genauso wie sich chemische Eigenschaften in gewissen Perioden wiederholen.

Beim Eisenatom, das 26 Elektronen enthält, gehören 18 zur gesättigten Edelgaskonfiguration des Argons und fallen für die weitere Betrachtung aus. Die 8 übrigen Elektronen, von denen jedes seinen bestimmten Bahndrehimpuls und den Spin $1/2$ besitzt, bilden einen gemeinsamen Bahndrehimpuls $L \cdot \dfrac{h}{2\pi}$ und eine gemeinsame Spinsumme, $S \cdot \dfrac{h}{2\pi}$.

(Man schreibt große Buchstaben, wenn es sich um mehrere Elektronen handelt.)

Diese resultierenden Impulse setzen sich ihrerseits zusammen zum Gesamtdrehimpuls $J\dfrac{h}{2\pi}$.

Bei den Alkalien waren die j-Werte $3/2$ und $1/2$ zu bilden. Auch hier sind die Ausdrücke ($L + S$ und $L - S$) wichtig. Aber, und das ist neu: Auch alle Werte, die dazwischen liegen, sofern sie nur ganze Zahlen sind, bilden quantenmechanisch mögliche Zustände, die energetisch alle untereinader verschieden sind.

Beispiel:

Der Grundzustand des Eisens ist zu kennzeichnen durch die Werte $L = 2$ und $S = 2$. Es ist dann $J = 4$ und $J = 0$. Aber auch die dazwischenliegenden Werte 3, 2, 1 sind möglich und tatsächlich vertreten. Die fünf Termstufen mit den J-Werten 4, 3, 2, 1, 0 bilden das Quintett des Grundzustandes (Abb. 71).

Ein angeregter Zustand besteht nun darin, daß ein bestimmtes der acht äußeren Elektronen auf einer Bahn mit anderer Haupt- oder Nebenquantenzahl umläuft. Auch dann gibt es wieder gewisse L- und S-Werte und eine Anzahl von J-Werten.

Die Millionen Eisenatome, die sich in einem zwischen zwei Eisenstiften brennenden elektrischen Lichtbogen befinden, machen von den verschiedenen Möglichkeiten der J-Bildung in der Tat Gebrauch. Ja, es läßt sich sogar berechnen, wieviel von hundert Atomen den einen, wieviel einen anderen J-Wert annehmen.

Die Rückkehr in den Grundzustand ist dann auf mannigfache Weise möglich, je nachdem, welche *J*-Stufe den Ausgang, welche *J*-Stufe den Endzustand des Elektronenübergangs bildet. Die Vielfalt von Frequenzen, die diesen Übergängen zukommt, heißt man

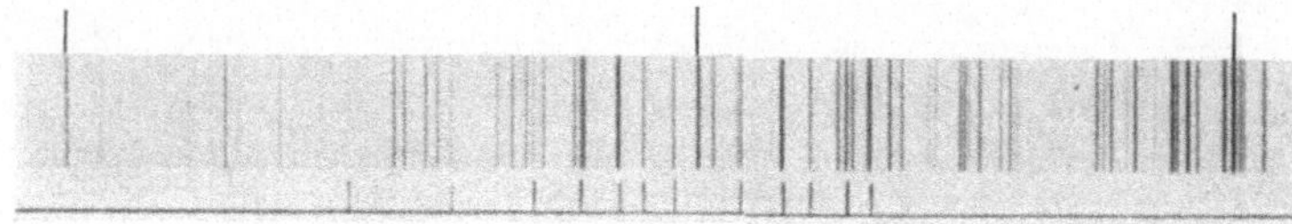

Abb. 70. Eine Liniengruppe des Eisenspektrums, die zu einem Multiplett gehört

ein Multiplett. In Abb. 70 sind Linien, die zu ein und demselben Multiplett gehören, durch Striche in der unteren Zeile gekennzeichnet.

10. Auswahlregeln

Trotzdem führen nicht alle errechenbaren Energiedifferenzen zu beobachtbaren Schwingungszahlen bzw. Linien. Es sind gewisse Übergänge verboten. Mit Hilfe der *J*-Zahlen lassen sich nach SOMMERFELD die erlaubten „Sprünge" einfach angeben: Nur solche finden statt, bei denen sich *J* um 1 vermehrt oder vermindert oder ungeändert bleibt. Abb. 71 zeigt, wie eines der in Abb. 70 sichtbaren Eisenmultipletts aus einem fünffach aufgespaltenen angeregten Zustand und aus dem Quintett des Grundzustands entsteht. Statt der zu erwartenden 25 (= 5 · 5) Linien treten nur 12 auf. Aus demselben Grund bestehen die auf S. 103 erwähnten zusammengesetzten Dubletts der Alkalien nur aus drei Linien.

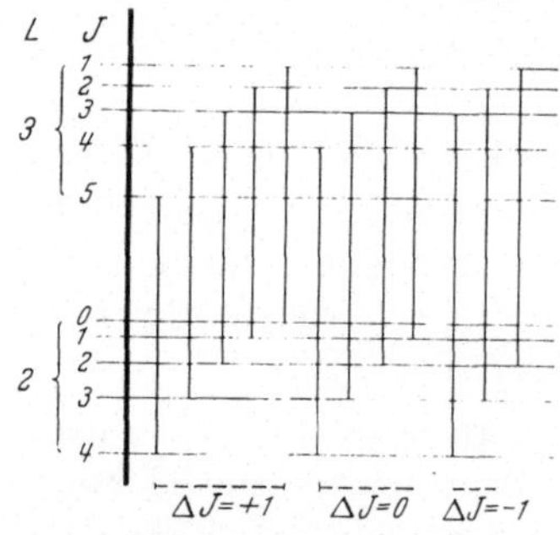

Abb. 71. Bildungsweise eines Multipletts. Wegen der Auswahlregeln treten statt 25 nur 12 Linien auf

Außerdem läßt sich der Umstand, daß nur Übergänge zwischen benachbarten Termleitern erfolgen, mit Hilfe der Nebenquantenzahlen beschreiben: Die den letzteren zugeordneten *l*-Zahlen können sich nur um ± 1 ändern. In Worten: Es sind nur Übergänge zwischen Ellipsen der nächsten Exzentrizitätsstufe möglich.

11. Molekülspektren

Wenn zwei oder mehr Atome zu einem Molekül zusammentreten, dann bilden ihre Elektronen eine gemeinsame, alle Kerne

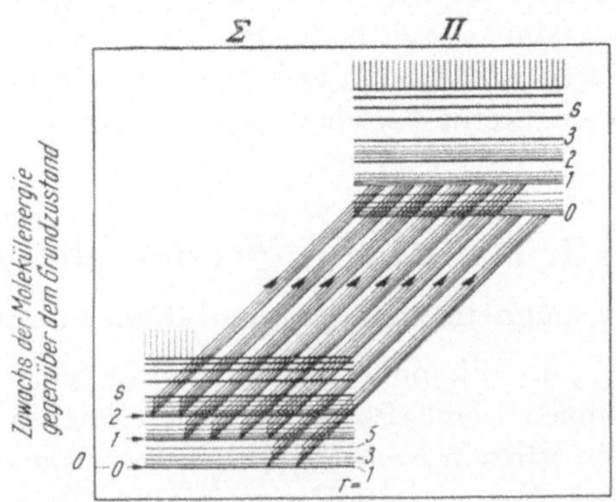

Abb. 72a. Termschema eines Moleküls. Zu den Termstufen, die zu den verschiedenen Elektronenanordnungen gehören (mit o bezeichnet), treten noch Schwingungsniveaus (s) und Rotationsstufen (r)

umfassende Hülle. Auch bei solchen Hüllen gibt es ein oder mehrere Außenelektronen, die durch Energiezufuhr angeregt werden können und bei ihrer Rückkehr in den Ausgangszustand ein Lichtquant emittieren. Aber die Frequenz des ausgestrahlten

Abb. 72b. Der Linienreichtum, der aus der Vielfalt der Übergangsmöglichkeiten entsteht (kleiner Ausschnitt aus dem Gesamtspektrum eines Moleküls)

Lichts ist nicht mehr eindeutig, sie hängt vielmehr davon ab, in welchem Rotations- und Schwingungszustand das ganze Molekül sich vor und nach dem Übergang befindet. Das Molekül führt ja

Drehungen um gewisse Symmetrieachsen und periodische Bewegungen der Kerne zu- und voneinander, also Schwingungen aus. Die diesen Bewegungen zugeordneten Energien sind ebenfalls quantisiert. Es bauen sich (Abb. 72a) über den Energiestufen der Elektronenanordnungen, die mit Null bezeichnet sind, noch Schwingungs- und Rotationsniveaus auf. Die schrägen Linien stellen die große Schar der möglichen Übergänge dar, die dann ein Spektrum vom Aussehen der Abb. 72b liefern. Auch diese Spektren sind entwirrbar und liefern wichtige Aufschlüsse über die Abstände der Kerne und die Kräfte, die sie zusammenhalten.

XII. Die Richtungsquantelung

1. Die magnetischen Quantenzahlen m_l und m_s

Die Abb. 59 u. 67 könnten zu der Ansicht verführen, daß alle Elektronenbahnen in einer Ebene, dort in der Zeichenebene, liegen müßten. Dann wäre ein Atom ein flaches, aber kein kugeliges Gebilde. Um eine räumliche Entfaltung der Bahnen beschreiben zu können, ist es nötig, ein Bezugssystem zu wählen. Dafür empfiehlt sich ein (beliebig schwaches) magnetisches Feld. SOMMERFELDs Rechnungen ergaben nun folgendes: Eine Bahn, die den Drehimpuls l hat, hat $(2l + 1)$ verschiedene Möglichkeiten, seine Neigungen in bezug auf jenes Feld einzustellen. Sie werden dadurch festgelegt, daß die Projektionen der Drehimpulspfeile der Länge l auf die Richtung der Kraftlinien des Feldes H die Werte l, $-l$ oder jede dazwischen liegende ganze Zahl einschließlich o annehmen müssen. In Abb. 73 sind d-Bahnen ($l = 2$) in ihren fünf möglichen Stellungen gezeichnet.

Zahlen, die auf die angegebene Weise aus den Nebenquantenzahlen abgeleitet werden, heißen magnetische Bahnquantenzahlen. Sie haben das Symbol m_l; $m_l = + l, l - 1, \ldots, - l$. Wir hätten sie auch Bahneignungszahlen nennen können.

Es sei schon jetzt erwähnt, daß es nach diesen Überlegungen mehrere Bahnen mit gleichem n und gleichem l, $(2l + 1)$ an der Zahl, geben kann. Elektronen auf solchen Bahnen heißen „äquivalent". Bei Einhaltung der eben beschriebenen Bahn-Neigungen stören sie einander nicht.

Auch der Spin unterliegt der Richtungsquantelung. Er selber hat den Wert $^1/_2$, seine Projektionen auf die Feldrichtung können nur die Beträge $+\,^1/_2$ oder $-\,^1/_2$ annehmen. Man schreibt $m_s = +\,^1/_2$ und nennt m_s magnetische Spinquantelungszahl.

Dabei ist vorausgesetzt, daß das Elektron frei drehbar ist. Im Abschnitt über die Spinbahnwechselwirkung war aber davon die Rede, daß Bahn- und Drehimpuls ihre Selbständigkeit aufgeben, wenn sie sich nur zur resultierenden j vereinigen. Ist die Kopplung stark genug, daß sie von einem magnetischen Feld nicht gestört wird, dann sind die magnetischen Quantenzahlen aus j zu bilden: $m_j = j,\ j-1,\ \ldots -j$. Bei Mehrelektronensystemen: $m_j = +J,\ \ldots -J$.

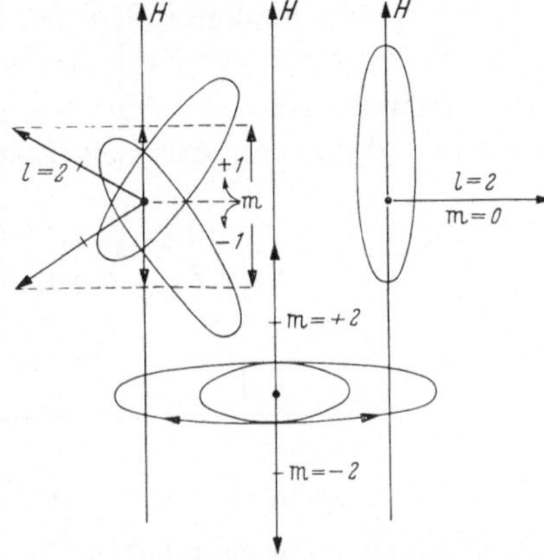

Abb. 73. Richtungsquantelung. Zur Nebenquantenzahl $l = 2$ gehören fünf mögliche Bahnneigungen mit $m = +2, +1, 0, -1, -2$

2. Der Stern-Gerlach-Versuch

Eine Kompaßnadel hat bekanntlich das Bestreben, in einem magnetischen Feld sich parallel zu den Kraftlinien zu stellen. Diese Tendenz hängt ab von der Stärke des richtenden Feldes und vom sog. magnetischen Moment der Nadel, das ist das Produkt aus der Stärke der Pole und dem Abstand d. In Abb. 74A geht also eine bewegliche Nadel von der Stellung a in die Stellung b über. Ist das Feld außerdem inhomogen, d. h. laufen die Kraftlinien nach einer Seite zusammen, so tritt außer der Drehbewegung noch eine Zugkraft K auf (Abb. 74B).

Den Nordpol der Nadel, der an einer Stelle größerer Kraftliniendichte liegt, zieht es stärker nach oben als den Südpol nach unten. Auch bei schiefer Stellung der Nadel zum Feld tritt eine Zugkraft auf; sie ist aber kleiner, weil jetzt nur die Projektion des Momentpfeils auf die Kraftlinienrichtung wirksam ist. Wird der Winkel φ größer als 90°, so kehrt sich die Richtung der Zugkraft um: Der Südpol der Nadel wird vom Südpol des Magneten stärker abgestoßen als der Nordpol der Nadel vom Nordpol des Magneten (Abb. 74 C).

Nun haben auch viele Atome ein magnetisches Moment. Die kreisende Bewegung der Elektronenladung infolge von Bahn-

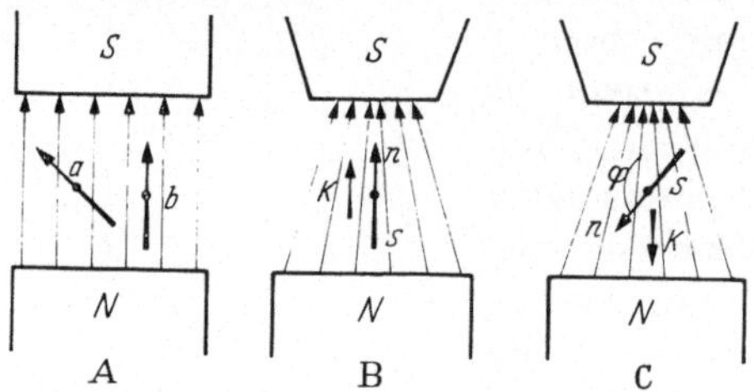

Abb. 74. Die beim Stern-Gerlach-Versuch auftretenden Kräfte (K)

umlauf und Spin stellen Ströme dar, und solche Kreisströme erfahren dieselben Dreh- und Zugbewegungen in einem inhomogenen Feld wie die Nadel. So benimmt sich ein spinlos gedachtes Elektron auf einer Bahn mit dem Drehimpuls 1, als wäre es eine Kompaßnadel vom Moment $\mu = \dfrac{e\,h}{4\,\pi\,m\,c}$.

Wenn ein Strahl von Atomen in der Anordnung der Abb. 75 durch ein stark inhomogenes Feld geschickt wird, erfährt er eine Aufspaltung in Teilstrahlen; denn die Richtungsquantelung läßt nur bestimmte Winkelstellungen φ zu, so daß Kräfte von deutlich

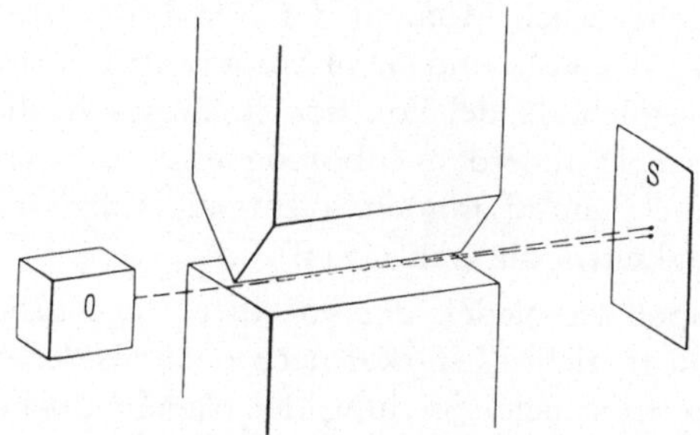

Abb. 75. Versuchsanordnung zum Stern-Gerlach-Versuch

unterschiedlichen Beträgen entstehen, die an den Atomen nach oben oder unten ziehen und sie aus der ursprünglichen Flugrichtung ablenken. Wir wissen schon, daß ein Atom mit Spinbahnkopplung $(2 J + 1)$ verschiedene Winkeleinstellungen erfährt (XII, 1). Man erwartet demnach eine Auffächerung des einfallenden Strahls in $(2 J + 1)$ Teilstrahlen. Bei einem Alkaliatom im Grundzustand ist $l = 0$ (s-Leiter). Dann ist $j = 0 + {}^1/_2 = {}^1/_2$, $2j + 1 = 2$. Wir erwarten eine Aufspaltung des Atomstrahls in 2 Äste. Steht nämlich in der Flugbahn hinter dem Magneten eine Auffangplatte S, so bleiben bei geeigneten Maßnahmen, vor allem bei Kühlung des Auffängers, die Atome an der Auftreffstelle kleben (Abb. 76).

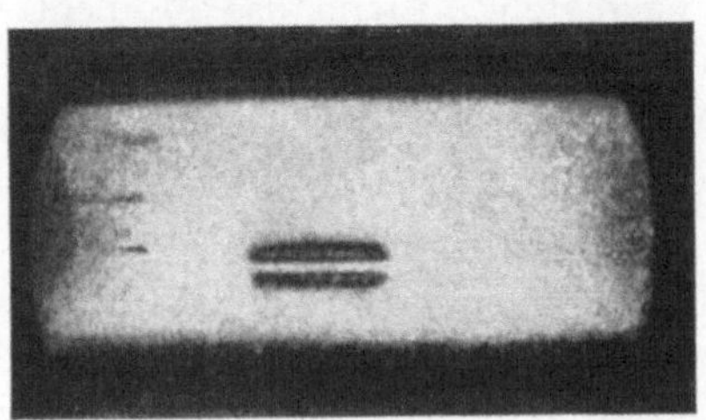

Abb. 76. Ergebnis eines Stern-Gerlach-Versuchs (nach Taylor). Der Ofen in Abb. 75 hatte statt eines Lochs einen Austrittsschlitz, deswegen sind die Atomanhäufungen auf dem Schirm S linienförmig

An diesem Experiment, dem berühmten Versuch von O. Stern und W. Gerlach, ist nicht nur fesselnd, daß die Richtungsquantelung direkt nachgewiesen ist, sondern auch, daß es gelang, ein so inhomogenes Feld zu erzeugen, daß es hinreichte, im Abstand 10^{-8} cm (Atomdurchmesser) unterschiedliche Kraftwirkungen im Sinne der Abb. 74 zu erzeugen und die Inhomogenität des Feldes auch auszumessen. So konnte auch die magnetische Elementargröße, das Bohrsche Magneton $\mu = \dfrac{e\,h}{4\,\pi\,m\,c}$ quantitativ bestätigt werden.

3. Der Zeeman-Effekt

Noch vor der Jahrhundertwende gelang es P. Zeeman (1865 bis 1943) zu zeigen, daß Vervielfachungen und Verschiebungen von Spektrallinien auftreten, wenn die leuchtenden Atome sich zwischen den Polen eines Magneten befinden. Man konnte die Erscheinung damals in gewissen Sonderfällen auch mit den Vorstellungen der klassischen Physik erklären.

Diese Sonderfälle, auf die wir uns beschränken, bestehen darin, daß aus einer Spektrallinie bei Feldeinwirkung deren zwei oder drei werden. Wie schon am Beispiel der Dublett-Entstehung dargelegt wurde, rühren solche Linienvervielfachungen von Termaufspaltungen her, also im Grunde von Energieaufspaltungen. Hat nämlich ein Atom im Grundzustand oder in einem angeregten Zustand das Moment μ, den resultierenden Drehimpuls J und den Energieinhalt E, so ändert sich E, wenn das Atom einem magnetischen Feld der Stärke H ausgesetzt wird.

$$E_{bei\,Feld} = E_{ohne\,Feld} + \mu \cdot H \cdot \frac{m}{J} . \tag{1}$$

Das Moment μ hängt seinerseits ab von den Quantenzahlen L, S und J. Besonders einfache Verhältnisse ergeben sich dann, wenn die Spins der einzelnen Elektronen sich gegenseitig aufheben, wenn $S = 0$. Bei solchen Atomen ist

$$\mu = \frac{e \cdot h}{4\,\pi\,m\,c} \cdot L \tag{2}$$

und da dann auch $J = L + 0 = L$ ist, wird (1) mit (2)

$$\Delta E = \frac{e\,h}{4\,\pi\,m\,c}\,H m = \mu_B \cdot H \cdot m \tag{3}$$

(ΔE bedeutet „Differenz der Energien").

Die Energie des ungestörten Zustandes kann also zu- oder abnehmen, je nachdem ob m positiv oder negativ ist, d. h. je nachdem, welche Neigung der Pfeil L des gesamten Bahndrehimpulses in bezug auf die Feldrichtung besitzt. Wenn $m = 0$, kommt es zu keiner Energieänderung.

Nun betrachten wir als Beispiel einen Elektronenübergang von einem Niveau der P-Leiter nach einem solchen der S-Leiter. Abb. 77a. Beim Einschalten des Feldes wird das Niveau der S-Stufe ($m = 0$) nicht geändert. Zur Energie des P-Zustandes hingegen treten jetzt die Beträge

$$\mu_B \cdot H \cdot (+1),\ 0,\ \mu_B \cdot H \cdot (-1) = \pm\,\mu_B \cdot H,$$

weil hier $m = +1,\ 0,\ -1$ (Abb. 77b).

Je nach der Stellung im Feld, welche das auf den P-Zustand angeregte Atom im Moment des Übergangs zum S-Zustand gerade innehat, wird eine von den drei möglichen Frequenzen der Abb. 77 b ausgesandt. Bei recht vielen Atomen treten alle Übergänge in gleicher Häufigkeit auf. Die mittlere Linie (P, $m = 0$ $\rightarrow s$, $m = 0$) ist dieselbe wie die Linie bei Abb. 77a.

Man beobachtet drei Linien in einem Spektroskop aber nur, wenn es sich um Licht handelt, das senkrecht zu den Kraftlinien

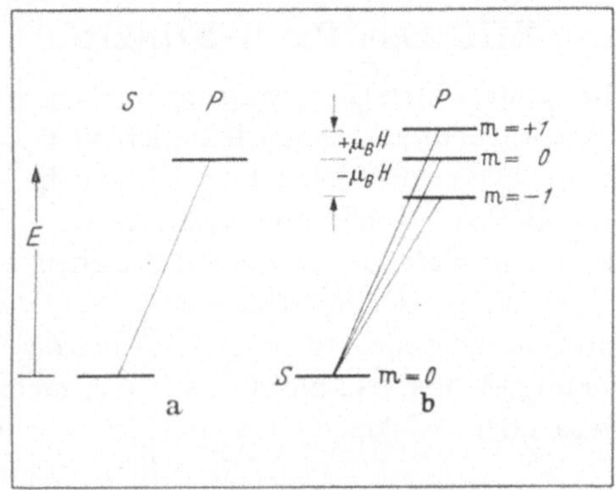

Abb. 77. Termschema zum Zeeman-Effekt

des Magneten austritt. Bei Beobachtung parallel zu den Feldlinien treten nur die beiden verschobenen Zeeman-Komponenten in Erscheinung. Außerdem zeigt das Licht der Linien sehr definierte Polarisationszustände. Beim Triplett ist die mittlere Linie parallel zum Feld polarisiert. Ein Polarisationsfilter, das sie durchläßt, löscht die beiden seitlichen Komponenten aus (Abb. 78 oben). Dreht man das Filter so, daß die seitlichen Linien durchkommen, dann fällt die unverschobene Linie aus (Abb. 78 unten).

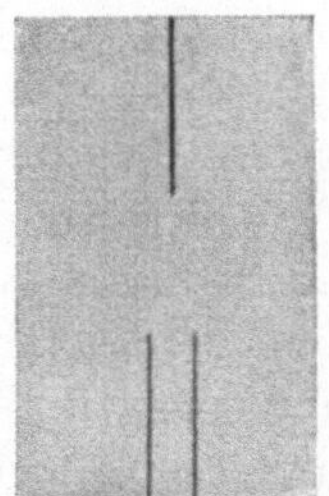

Abb. 78. Aufnahme einer Zeeman-Aufspaltung

Die Linien haben um so größere gegenseitige Abstände, je stärker das Feld ist.

Auch bei Sternspektren beobachtet man Zeeman-Aufspaltungen. Aus den Aufspaltungsweiten läßt sich die magnetische Feldstärke auf den Himmelskörpern berechnen. Insbesondere findet

man auf der Sonne hohe Feldstärken in der Nähe der Sonnen-
flecken. Dieser Umstand nötigt zur Annahme von starken
kreisenden Bewegungen elektrischer Ladungen, von Wirbeln aus
stark ionisierter Sonnenmaterie als Ursache jener Felder.

XIII. Das Pauli-Prinzip

Wenn ein Reisebüro einen Eisenbahnzug zu belegen hat, könnte
es Platzkarten ausgeben, auf denen lediglich vier Zahlen (oder
Zeichen) stehen: Die erste Ziffer möge sich auf die Wagennum-
mer, die zweite auf die Abteilnummer, die dritte auf die Platz-
nummer, jeweils vom Fenster aus gezählt, beziehen, während das
vierte Zeichen, ein Plus- oder ein Minuszeichen sein und „in" oder
„gegen" Fahrtrichtung bedeuten soll. Wird bei der Herstellung
der Karten darauf geachtet, daß nie auf zwei oder mehr Karten die
gleichen Ziffern oder Zeichen in der angegebenen Reihenfolge
stehen, dann kann es nicht passieren, daß ein Platz von mehr als einer Person beansprucht wird.

Ein ähnlich ordnendes Prinzip wirkt innerhalb eines Atoms. Nur beziehen sich die Kennzahlen hier auf Größe, Form und Neigung der Elektronenbahnen und darauf, ob die Eigendrehung der Elektronen (Spin) „links" oder „rechts" herum erfolgt. Auf der Platzkarte eines Elektrons stehen demnach die Zahlen

$$n,\ l,\ m_l,\ m_s.$$

(Siehe Kapitel XII.)

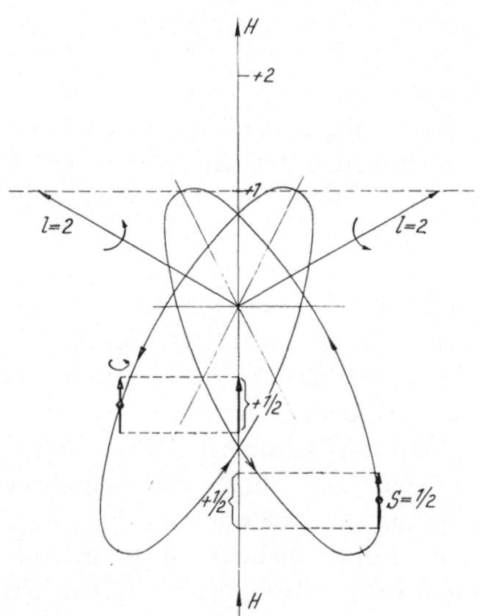

Abb. 79. Erläuterung zum Pauli-Prinzip

Dieses Zahlenquartett nennen wir den Zustand eines Elektrons.

114

W. Pauli hat nun aus gewissen Eigentümlichkeiten im spektralen Verhalten der Atome, aus dem beständigen Ausfall gewisser Terme, ein berühmtes Prinzip herauslesen können:

In einem Atom dürfen nicht zwei oder mehrere Elektronen denselben Quantenzustand innehaben. Jedes Zahlenquartet n, l, m_l, m_s steht jeweils nur für ein einziges Elektron zur Verfügung.

Beispiel: In Abb. 79 sind zwei Bahnen gezeichnet mit gleich großen und kleinen Achsen (gleiches n und gleiches l!). Die Projektionen der l-Pfeile auf das Hilfsfeld H haben je die Länge $m_l = l$, und sie sind beide nach oben gerichtet, also beide positiv. Auch die Projektionen des Spins haben beide den Wert $+ 1/2$. Man könnte meinen, die beiden Bahnen vertrügen sich in der gezeichneten Lage miteinander. Trotzdem dürfen sie zusammen nicht vorkommen, weil die vier charakteristischen Quantenzahlen übereinstimmen. Wenn aber ein Spin sich umkehrte, oder der Umlaufsinn auf einer der beiden Bahnen (l-Pfeil nach unten!), dann läge ein erlaubtes System vor.

Das Pauli-Prinzip hat nach seiner Aufstellung eine unerwartete Tragweite und Fruchtbarkeit erwiesen. Man muß es als eine Erfahrungstatsache hinnehmen; beweisen ließ es sich bis jetzt ebensowenig wie das Parallelenaxiom in der Euklidischen Geometrie.

XIV. Das Periodensystem der Elemente

Mit dem Pauli-Prinzip tritt zur Klassifizierung der Elektronenbahnen nach Größe, Form und Neigung auch eine Beschränkung der Anzahl der Elektronen hinzu, die von diesen Bahnen Gebrauch machen können. Wir haben ja in Abb. 73 schon gesehen, daß es z. B. 5 d-Bahnen ($l = 2$) gibt, die sich durch Bahnneigung (und Umlaufsinn) unterscheiden, aber gleiche große und kleine Achsen haben. Da ein Elektron auf jeder dieser Bahn noch mit Links- oder Rechtsdrall laufen kann ($m_s = \pm\,1/2$), gibt das zehn Zustände. Jedem kommt ein anderes charakteristisches Zahlenquartett zu. Mehr als zehn Elektronen sind aber nach dem Pauli-Prinzip nicht zulässig, so daß wir sagen können: Zur Nebenquantenzahl $l = 2$ gibt es höchstens zehn verschiedene Zustände.

Eine analoge Abzählung ergibt, daß es maximal sechs p-Zustände ($l = 1$), zwei s-Zustände ($l = 0$), aber vierzehn f-Zustände ($l = 3$) möglich sind.

Erinnern wir uns noch daran, daß die zu einer Hauptquantenzahl n gehörigen Nebenquantenzahlen l immer kleiner als n sein müssen, so lassen sich die Elektronenzustände in folgender Tabelle ordnen:

Tabelle 5. Höchste Besetzungszahlen der Unterschalen

Haupt-Quantenzahl	Neben-Quantenzahl				Summe
$n = 1$	$l = 0$				
Höchste Besetz. Zahl	**2**				2
$n = 2$	$l = 0$	1			
Höchste Besetz. Zahl	**2**	**6**			8
$n = 3$	$l = 0$	1	2		
Höchste Besetz. Zahl	**2**	**6**	**10**		18
$n = 4$	$l = 0$	1	2	3	
Höchste Besetz. Zahl	**2**	**6**	**10**	**14**	32
	s	p	d	f-Schalen	

Alle Zustände, die zu einer bestimmten Nebenquantenzahl gehören, bezeichnet man als „zur selben Unterschale gehörig" und spricht von einer s-, p-, d-, f-Schale, je nach dem die Nebenquantenzahl l die Werte 0, 1, 2, 3 annimmt.

In Abb. 80 ist eine Anordnung der Unterschalen gegeben, wie sie in obiger Tabelle vorweggenommen wurde. Man blickt in Schrägaufsicht auf eine Ebene, in der Balken verschiedener Länge — sie bedeuten die Unterschalen — nach Maßgabe der zugehörigen Haupt- und Nebenquantenzahlen angeordnet sind. Unterschalen, die zur selben Hauptquantenzahl gehören, stehen nebeneinander, Schalen mit gleicher Nebenquantenzahl „untereinander". Die kleinen Kreise auf den Balken bedeuten Elektronenplätze, ihre Anzahlen stimmten mit den maximalen Besetzungszahlen überein. Auf sogleich zu schildernde Weise gilt es, die Z Elektronen eines Atoms auf diese Plätze sinnvoll zu verteilen. Unter den Kreisen stehen die bekannten Atomsymbole, und zwar

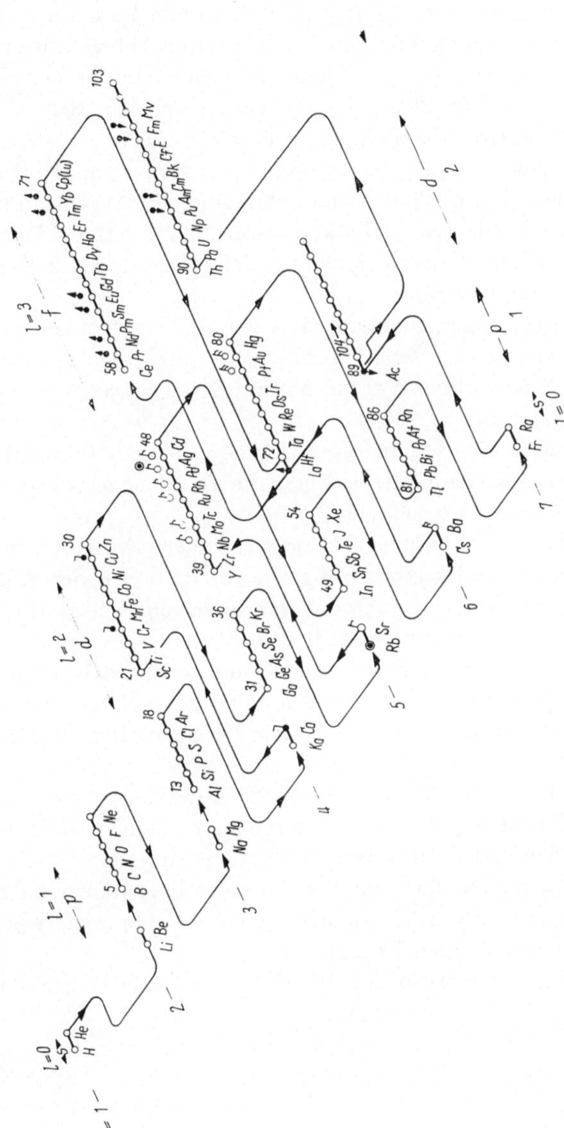

Abb. 80. Das Periodensystem der Elemente, geordnet nach Haupt- und Nebenquantenzahlen der Elektronen (nach FRAUNBERGER)

jeweils an derjenigen Stelle, an der das zuletzt angelagerte Elektron Platz findet.

Wollen wir nämlich z. B. einen Atomkern mit der Ladung $+16$ mit 16 Elektronen umgeben, um ein komplettes Schwefelatom zu erhalten, so müssen wir vom Elektronenplatz 1 in der $1s$-Schale ausgehend, an jedem Platz, der folgenden Schalen, Schritt für Schritt, ein Elektron abgeben: 12 Elektronen ($= 2 + 2 + 6 + 2$) sind in den Schalen $1s$, $2s$, $2p$, $3s$ unterzubringen, die alle voll aufgefüllt werden. Die restlichen vier nehmen in der $3p$-Schale Platz. An die vierte Stelle des $3p$-Balkens, welche das letzte Elektron beherbergt, setzen wir das Zeichen für Schwefel, S. Ähnlich geht das bei allen Elementen.

Es wird dem Leser auffallen, daß der mit Pfeilen versehene Kurvenzug, der uns als Wegweiser bei der Auffüllung der Schalen dient, einen eigenwilligen Verlauf nimmt. Konsequent würde uns der Weg $1s$, $2s$, $2p$, $3s$, $3p$, $3d$, $4s$, $4p$, $4d$, $4f$ usw. erscheinen. Allein, dieses ideale System wird schon nach dem Element 18 (Argon) verlassen, dadurch, daß erst die $4s$-Schale angelegt und dann erst die $3d$-Schale nachgeholt wird.

Daß die Führungslinie aber den eingezeichneten Verlauf nimmt, wurde mit zwingender Notwendigkeit aus dem Bau der Atomspektren erschlossen, wie auch aus den Spektren, welche die aus den Atomen entstehenden Ionen liefern.

Die Genesis der Elemente stellt sich uns so dar, daß mit jeder Zunahme der Kernladungszahl um eine Einheit ein weiteres Elektron an die Hülle anzubauen ist nach Weisung der Führungslinie in Abb. 80.

Ein Vergleich mit dem chemischen Periodensystem (S. 5) zeigt, daß Elemente, die dort untereinander stehen, d. h. eine Gruppe bilden, auch in unserem System „untereinander" zu stehen kommen. Da aber wir die Atomsymbole immer an den Ort des „Letztelektrons" geschrieben haben, kommen wir zu folgender entscheidenden Erkenntnis:

Für die chemische Natur der Atome ist der Auffüllungszustand der „Letztschalen" entscheidend.

Natürlich spielt es auch eine Rolle, ob die letzte Schale eine s, p, d, f-Schale ist und ob sie ganz außen liegt, oder ob die Letztschale z. B. eine d-Schale ist, die erst nach Ausfüllung einer s-Schale mit höherer Hauptquantenzahl (höheres n bedeutet ja größere Bahn-achsen) zum Zuge kommt. Bei Elementen der Eisengruppe wäre letzteres der Fall.

Nur flüchtig sei darauf hingewiesen, daß alle Alkalimetalle als Außenelektron ein Elektron der s-Schale besitzen, welches über lauter abgeschlossene Unterschalen kreist. Dieses eine Elektron kann leicht abgegeben werden, ein Umstand, der die Einwertig-keit der Alkalimetalle erklärt. Die Edelgasatome Neon, Argon, Krypton und Xenon, bei denen die Letztelektronen zum Ab-schluß der p-Schalen führen, sind ausgezeichnet durch ihre Weigerung zu chemischer Bindung. Abgeschlossene Schalen sind demnach hochgesättigte, sehr stabile Zustände. Die Atome dieser Elemente geben keine Elektronen ab, haben aber auch kein Ver-langen welche aufzunehmen, sie sind „nullwertig".

Anders die den Edelgasen vorausgehenden Elemente Fluor, Chlor, Brom, Jod. Diese sind dafür bekannt, daß sie gerne Elektronen einfangen. Sie wollen zu einem Abschluß der p-Schale gelangen, auch wenn sie dadurch zu Ionen werden; denn ein Elektron mehr bedeutet ja für jedes Atom Überschuß an negativer Ladung.

Einige Elemente bringen es fertig, ein Elektron aus einer schon vorher besetzten s-Schale mit größerem Radius in d-Schalen zurückzuholen, um deren Ausbau zu beschleunigen. Das Chrom ($Z = 24$) fängt damit an. In Abb. 80 ist über dem Chromplatz ein Elektronensymbol (schwarzer Kreis mit Fähnchen) eingezeichnet, das diese Umquartierung zum Ausdruck bringt. Das Fähnchen deutet auf die Herkunft dieses Elektrons aus dem zweiten Platz der $4s$-Schale hin, wo es dann wegzudenken ist. Schon das nächste Element gibt das Elektron wieder zurück; aber das Kupfer bean-sprucht es aufs neue, denn durch diesen Trick erreicht es die Voll-belegung des $3d$-Hauses. Das erste Elektron in der $4s$-Schale, nunmehr vereinsamt, kommt sich jetzt ähnlich vor wie das Außen-elektron eines Alkalimetalles und benimmt sich auch so. Um-besetzungen in derselben Art wiederholen sich bei Silber und Gold, und so haben die Chemiker diese Elemente als Nebengruppe in die Alkalispalte geschrieben. So lassen sich fast alle Eigen-schaften der Atome mit ihrem Schalenbau in Zusammenhang bringen. Auch wird offenbar, warum man von Perioden spricht:

Es wiederholt sich ja die Auffüllung gleichgearteter Unterschalen mehrere Male.

Rückblickend wollen wir folgendes festhalten: Die Richtungsquantelung und die Doppelsinnigkeit des Spins bestimmen die Besetzungszahl einer Unterschale. Das Pauli-Prinzip verlangt, daß jeweils nur ein Elektron von einem der möglichen Zustände Gebrauch macht. Das Licht, welches die Atome und deren Ionen aussenden, verrät wie die Führungslinie verläuft, wie die einzelnen Schritte bei der Schalenauffüllung aufeinander folgen. Was dabei herauskommt, das ist die Erklärung des Systems der Elemente.

Die chemische Bindung

Natürlich ist die geschilderte Struktur des Elektronengebäudes von größtem Interesse für die Chemie.

Der zentrale Begriff „Wertigkeit" läuft darauf hinaus, wieviele Valenzelektronen beim Bindungsvorgang in Aktion treten. Bei Alkalimetallen fungiert als solches das Außenelektron.

Wenn sich ein Chloratom und ein Natriumatom zu einem Chlormolekül (Kochsalzmolekül) vereinigen, dann tritt das Elektron aus der $3s$-Schale des Natriums als Valenzelektron in die $3p$-Schale des Chlors über. Dadurch werden beide Atome zu Ionen, eines erhält Elektronenüberschuß, eines ein Elektronendefizit; diese Ionen von ungleichem Ladungsvorzeichen halten sich wegen der elektrischen Anziehung gegenseitig fest. Der Anlaß zum Elektronenübertritt liegt in der Tendenz der Atome nahezu abgeschlossene Schalen ganz zu füllen, erst begonnene Schalen wieder abzubauen. Ein Blick auf die Schalenstruktur von Chlor und Natrium zeigt, daß nach dem geschilderten Elektronenübergang beide Ionen vollbesetzte Schalen besitzen. Abb. 81 zeigt oben die Elektronenverteilung in den Ausgangsatomen. Die Klammern im unteren

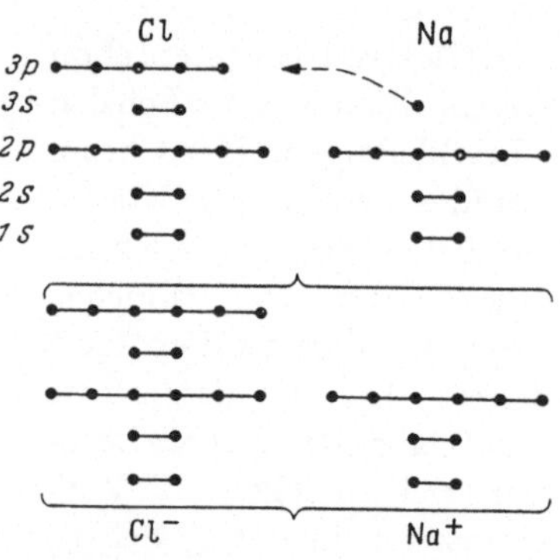

Abb. 81. Der Vorgang, der zur Ionenbindung führt

Teil versinnbildlichen die elektrischen Kräfte, welche die zu
Ionen gewordenen Atome zum Molekül zusammenbinden.

Die Erklärung der polaren Bindung oder der Ionenbindung
versagt, wenn wir sie anwenden wollen auf das Zustandekommen
eines Chlormoleküls, das aus zwei Chloratomen, also aus gleichen
Bausteinen besteht. Keines von beiden Atomen will ein Elektron
dauernd an das andere abgeben, jedes will nur eins aufnehmen.
So machen sie einen Kompromiß: Einmal leiht das Atom A ein
Elektron dem Atom B, dann dieses von seinen eins dem Atom A.
Dieser Elektronenaustausch führt die Atome zu dauernder
Partnerschaft zusammen. So kommen sie wenigstens abwechs-
lungsweise zum Genuß einer gesättigten Schale. Man kann sagen,
sie besitzen ein Elektronenpaar gemeinsam.

Wenn ein sehr armer Schneider seinen beiden Söhnen, die
auch Schneider sind, nichts als seine Schere zu vererben hätte,
dann täten die Söhne gut, unter einem Dach beisammen zu bleiben,
damit jeder abwechselnd auch des Bruders Scherenteil benützen
kann. Mit einer halben Schere wäre keinem gedient.

XV. Die Röntgenspektren

Neben den Frequenzen im Sichtbaren, die nach Anregung der
äußersten Elektronen, der Leuchtelektronen, ausgesandt werden,
können Atome auch noch ein
sehr kurzwelliges Licht, Röntgenlicht, emittieren. Wie man
jetzt weiß, besteht die Anregung darin, daß ein Elektron
aus einer kernnahen Schale
entfernt wird, sei es durch
Stoß von sehr schnellen
Elektronen, sei es durch
hinreichende energiereiche
Strahlung (W. KOSSEL).

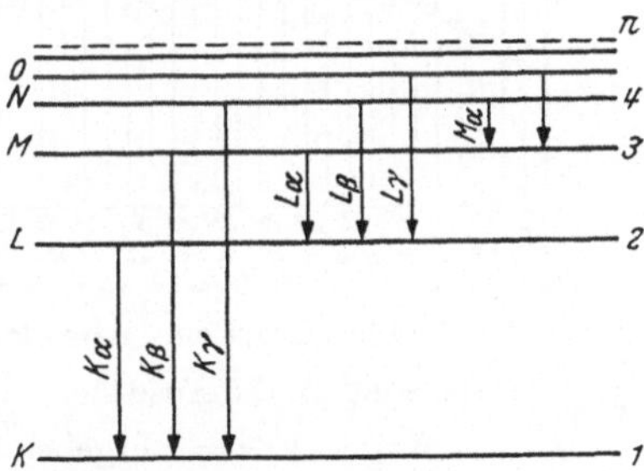

Abb. 82. Energieniveaus bzw. Termlagen, die zur Entstehung der Röntgenstrahlen (Eigenstrahlung) führen

Die Lücke wird sofort
wieder geschlossen, in dem
ein Elektron der nächstäußeren Schale nachrückt. Auf dessen
Platz geht eines, das von einer noch weiter außenliegenden

Schale kommt usw. Es ist auch möglich, daß direkte Übergänge
von der dritten oder vierten Hauptschale auf den leer gewordenen Elektronenplatz erfolgen.

Zur Abb. 82 sei bemerkt, daß die Röntgenspektroskopiker die
Schalen die Hauptquantenzahlen 1, 2, 3 usw. meist als K, L, M-
Schalen bezeichnen. Überdies ist das Schema vereinfacht, die Auf-
spaltung der Niveaus in Teilniveaus nach Maßgabe der l und
J-Stufen ist nicht berücksichtigt. Die Übergänge mit gemein-
samem Endniveau werden auch hier zu Serien zusammengefaßt.

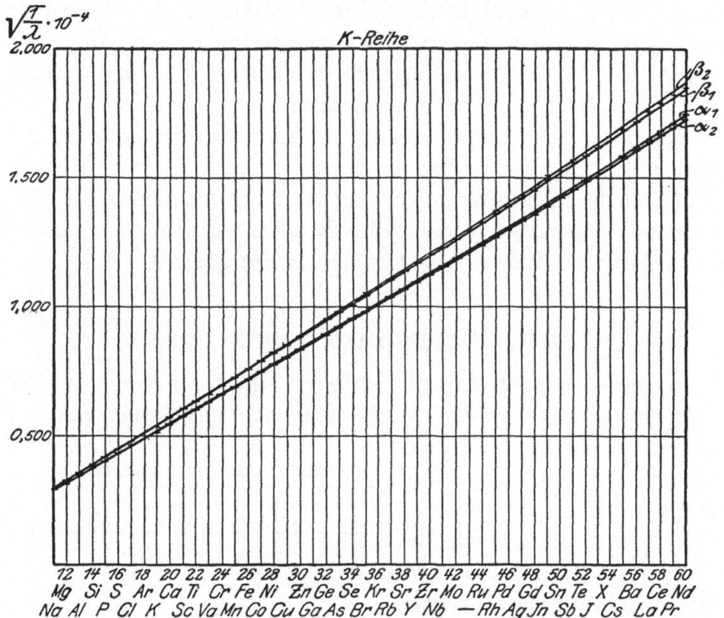

Abb. 83. Moseley-Geraden. Abweichend vom Text sind hier nicht
$\sqrt{\frac{v}{R}}$ Werte, sondern die Ausdrücke $\sqrt{\frac{1}{\lambda}}$ aufgetragen. $\lambda =$ Wellenlänge.
Wegen $\lambda \cdot v = c$ ergeben sich wiederum Gerade

Diese Serien haben jedoch nur wenig Glieder, nicht mehr, als
Schalen über der Endstufe des Überganges liegen. (Ohne Berück-
sichtigung der Aufspaltung!)

H. G. J. MOSELEY (1887—1915) fand schon in den Jahren
1913/14, daß vergleichbare Übergänge bei verschiedenen Elemen-

ten Frequenzen liefern, die sich für die K_α-Linien schreiben:

$$\widetilde{\nu} = \frac{3}{4}\, R\,(Z - a)^2,\quad Z = \text{Kernladungs-Zahl}$$
$$a \sim \mathrm{I}$$

Wenden wir auf den Übergang K_α in Abb. 82 die Bohrsche Formel an, dann hätten wir

$$\widetilde{\nu} = R \cdot Z^2 \left(\frac{\mathrm{I}}{\mathrm{I}^2} - \frac{\mathrm{I}}{2^2} \right)$$
$$= R \cdot Z^2 \cdot \frac{3}{4}.$$

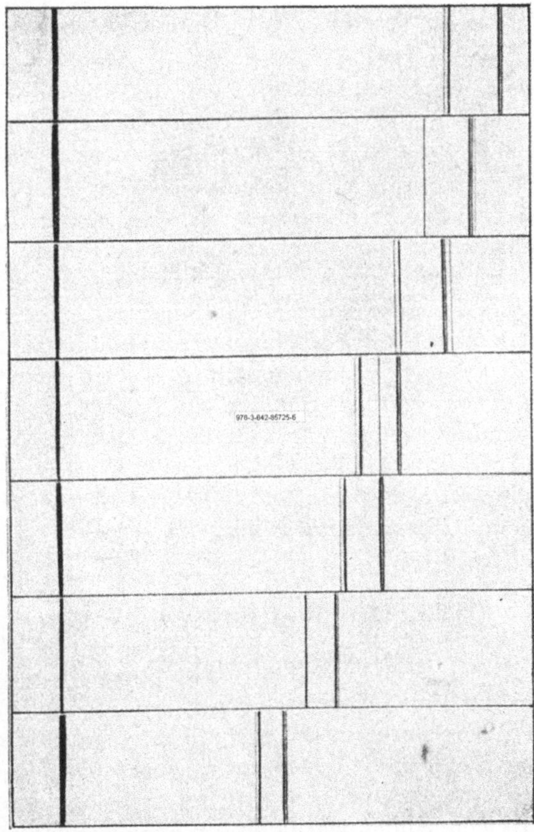

Abb. 84. K-Linien einer Reihe von Elementen, deren Kernladungs-zahlen von oben nach unten immer größer werden (nach SIEGBAHN)

Dies ist beinahe die Moseley-Formel, nur steht dort statt Z^2 $(Z-a)^2 = (Z-1)^2$. Die Größe a ist ungefähr 1. Daß die Kernladungszahl um 1 vermindert auftritt, nimmt nicht wunder, da das zweite Elektron in der K-Schale eine von den Z Ladungseinheiten im Kern in ihrer Wirkung kompensiert. Bei Wasserstoff ist die K_α-Linie mit der ersten Lyman-Linie identisch. Mit zunehmendem Z verschieben sich aber alle Röntgenlinien stark zu kurzen Wellen hin, weil die Frequenzen wegen des Faktors Z^2 in obiger Formel stark zunehmen.

Das Moseley-Gesetz wird meist so dargestellt, daß $\sqrt{\dfrac{\nu}{R}}$ über Z aufgetragen wird. Das gibt dann Gerade, Abb. 83. Moseleys Befund war deswegen so wichtig, weil er die Erkenntnis brachte, daß nicht, wie man früher annahm, das Atomgewicht, sondern die Ordnungszahl Z die natürliche Reihenfolge der Elemente bestimmt. Dem Atomgewicht zufolge müßte, um ein Beispiel zu nennen, Nickel vor Kobalt kommen, nach der Lage der K_α-Linien muß es umgekehrt sein. Wie eindeutig die Linien sich von Element zu Element verschieben, ersehen wir aus Abb. 84. Viele Elemente sind keine Reinelemente im Sinne der Massenspektroskopie, sondern Isotopengemische. Darauf beruhten die falschen Einordnungen nach dem Atomgewicht.

Darüber hinaus war das Studium der Röntgenspektren von großer Bedeutung, weil sie erlaubten, in die Tiefe des Atomes zu loten, die Energieverhältnisse in den inneren Schalen zu ergründen. Die Spektren im Sichtbaren und Ultravioletten geben nur Kunde von der Oberfläche des Atoms.

XVI. Die Wellenmechanik

1. Allgemeiner Teil

In dem Kap. VIII u. XI haben wir den dualen Charakter von Licht und Materie kennengelernt. Das Licht, dessen Natur durch Interferenzversuche eindeutig als Wellenerscheinung festgelegt schien, offenbart sich durch den lichtelektrischen und Comptoneffekt als Strom von Lichtquanten oder Photonen von der Energie $E = h\nu$ und dem Impuls $p = \dfrac{E}{c} = \dfrac{h\nu}{c} = \dfrac{h}{\lambda}$. Umgekehrt ist der historische Weg bei den Elektronen. Ursprünglich bekannt als materielle geladene Teilchen, etwa in einer Kathodenstrahlröhre, zeigen sie beim Durchgang durch Kristalle Beugungserscheinungen, als ob es sich um Wellen der Länge $\lambda = h/p$ handele (L. DE BROGLIE), wobei p der materielle Impuls der Elektronen ist. Wiederum tritt uns dieselbe Beziehung wie beim Licht entgegen und es erhebt sich das Problem, einen übergeordneten Standpunkt zu finden, der beide Erscheinungen umfaßt, das Licht und die Elektronen, oder allgemeiner ausgedrückt, die Strahlung und die Materie, d. h. die Gesamtheit der unsere physikalische Welt ausmachenden Phänomene. E. SCHRÖDINGER hat den kühnen Versuch unternommen, für Elektronenwellen eine Gleichung aufzustellen, auf dieselbe Weise, wie man Lichtwellen oder irgendeinen anderen periodischen Vorgang, wie z. B. die Schwingungen einer Saite, vermittels einer geeigneten Gleichung zu beschreiben gewohnt war. Indem SCHRÖDINGER für die Wellenlänge den Wert DE BROGLIEs benutzte, erhielt er in der Tat eine Gleichung, welche alle Erwartungen erfüllte. Es war die Geburtsstunde der Wellenmechanik, und die Schrödingersche Wellengleichung erwies sich als ein Zauberschlüssel zu den bis dahin noch verschlossenen Pforten der Erkenntnis. Es gelang ihr nicht nur, die Ergebnisse der Bohrschen Theorie zu bestätigen und vielfach zu verbessern, sondern vor allem, die Widersprüche in den Grundlagen dieser Theorie zu beseitigen. Wir wollen versuchen, soweit es ohne mathematische Hilfsmittel geht, in das Wesen der neuen Mechanik einzudringen. Zu dem Zweck erläutern wir zunächst das Prinzip der stehenden Schwingung etwa an dem akustischen Beispiel der Pfeife, siehe Abb. 85. Wird eine solche an der Stelle A angeblasen, so pflanzen sich Luftverdichtungen und -verdünnungen periodisch in das Innere der Röhre fort. Die Luftschwingung wird am Ende B reflektiert und die reflektierte Welle überlagert sich über die ankommende Schwingung. Es kann nun der Fall eintreten, daß die beiden Schwingungen in einigen Punkten, den Knoten, sich dauernd gegenseitig aufheben, im anderen, den Bäuchen, sich dauernd maximal verstärken. Das Bild der Welle ist stationär geworden: Maximale Schwingungen in den Bäuchen, Ruhe in den Knoten. Bei der in der Abb. 85 gezeigten gedeckten Pfeife muß bei A ein Bauch, bei B ein Knoten entstehen. Diese Bedingung ist erfüllt, wenn die Rohrlänge ein ungerades Vielfaches von Vierteln der Wellenlänge ist: $l = (2n + 1)\dfrac{\lambda}{4}$. Der Schwingungszustand für $n = 0$, der Grundton, ist in Abb. 85 a, für $n = 1$, der ersten Oberton, in Abb. 85 b in zwei entgegengesetzten Phasen eingezeichnet. Im Zustand der stehenden Schwingung ist die Luftsäule am stärksten angefacht, die Pfeife strahlt nur die Töne aus, die diesen „Eigenschwingungen" entsprechen. Von hier aus machen wir einen kühnen Sprung zur Wellenmechanik: Die Pfeife wird zum atomaren System, in dem Elektronenwellen schwingen mit der durch die de Brogliesche Beziehung gegebenen Wellenlänge.

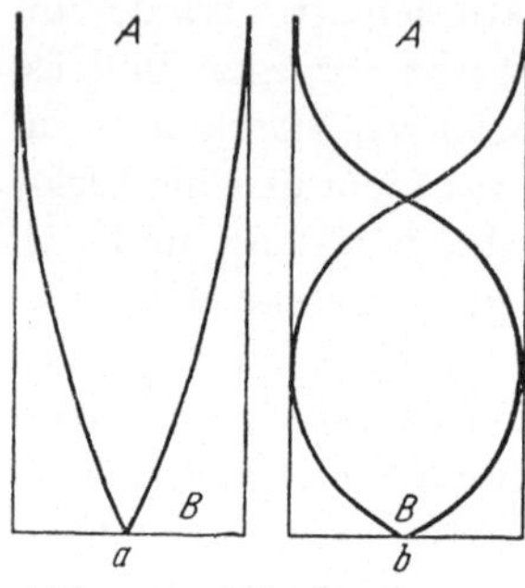

Abb. 85. Schwingungszustände in Pfeifen

Stehende Elektronenwellen können sich nur ausbilden, wenn der atomare Zustand zur de Broglie-Wellenlänge „*paßt*" wie die Pfeifenlänge zur Wellenlänge des Tons (Abb. 86). Man beachte dazu die kleine Rechnung im Anhang. Wendet man die Schrödinger-Gleichung auf das Wasserstoffatom an, so erhält man für die stationären Zustände genau die Energien, die den alten Bohrschen Bahnen entsprechen. Nur der Bahncharakter ist völlig verschwunden, da das Elektron seiner korpuskularen Natur verlustig ging, geblieben ist eine stehende Welle, die, einmal angefacht, ohne Energiezufuhr bestehen bleibt. Damit erledigt sich der alte Einwand gegen die Bohrsche Theorie, auf „Bahnen" müßten die

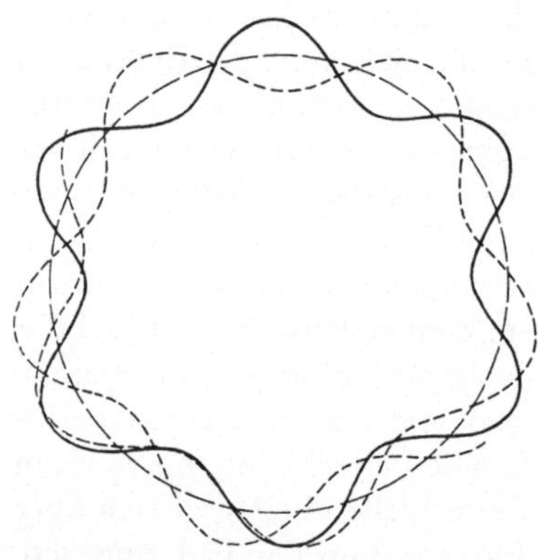

Abb. 86. Die Materiewelle eines umlaufenden Elektrons. Die dicke Wellenlinie „paßt" in den Umlaufkreis, die gestrichelte nicht

Elektronen durch Ausstrahlung Energie verlieren. Zur Verdeutlichung des Schwingungszustandes einer Elektronenwelle im H-Atom müßten wir uns im Gegensatz zur eindimensionalen Pfeife einer dreidimensionalen Darstellung bedienen. Glücklicherweise können wir auf eine Dimension verzichten, weil die Schwingung rotationssymmetrisch ist bezüglich einer durch den Kern gehenden Achse, welche im Falle eines äußeren Feldes identisch ist mit diesen. Indem wir als Maß für die Intensität der Welle (welche gegeben ist durch das Quadrat ihrer Amplitude) die Bildhelligkeit wählen, erhalten wir Figuren nach Art der Abb. 87.

Es sind diejenigen Zustände eines Einzelelektronensystems dargestellt, die den Elektronenbahnen auf Abb. 73 entsprechen.

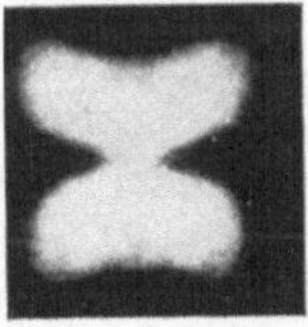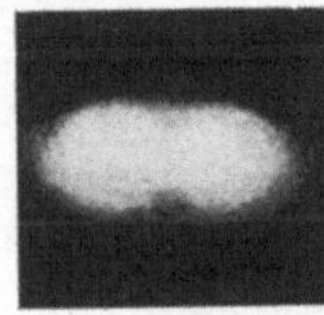

Abb. 87. Elektronenwolken, wie sie sich nach der Wellenmechanik darstellen. Die Bilder entsprechen den Bahnen von Abb. 73

Dort greift die Bahn mit $m = 0$ nach oben aus. Das ist nur willkürlich so gezeichnet, der kernferne Teil der Ellipse könnte genauso gut unten liegen. So kommt es zum symmetrischen Bild der Abb. 87 mitte. Dasselbe gilt für die Bahnen mit $= \pm 1$[1]. Im Bohrschen Atommodell sind die Elektronen an feste Bahnen gebunden, aller Raum zwischen ihnen ist für die Elektronen verboten. Im wellenmechanischen Bild ist es umgekehrt: Das Elektron kann sich fast überall befinden, wenn auch gewisse Gebiete sehr bevorzugt sind. Nur ausgezeichnete Knotenebenen (m an der Zahl) und ($l - m$) Kegelflächen und eine gewisse Anzahl Kugelflächen muß es meiden.

In welcher Weise ist nun die Wellentheorie zu interpretieren in der Sprache der uns (jedenfalls für Elektronen) geläufigeren Teilchenvorstellung? Zur Erläuterung der Sachlage gehen wir aus von einem Interferenzversuch, etwa der Interferenz von

---

[1] Abb. 87 links.

Wellen an einem Biprisma, der für Licht wohl bekannt ist und für
Elektronen, wie auf S. 77 erwähnt, dem Prinzip nach mit Erfolg
durchgeführt wurde. Die Tatsache, daß hinter dem Biprisma ein
Interferenzfeld entsteht mit hellen und dunklen Streifen, ist ein
unwiderleglicher Beweis für das Zusammenwirken der durch
beide Einzelprismen gehenden Strahlen. Für eine korpuskulare
Deutung besteht nun aber eine eigentümliche Schwierigkeit: Denn
ein Elektron (oder ein Photon) kann nur eines der beiden Prismen
passieren. Es bleibt aber die beobachtete Interferenzerscheinung
erhalten, selbst wenn wir den Teilchenstrom so dünn machten, daß
keinerlei Verdacht entstehen kann, es könnten etwa zwei Teilchen
gleichzeitig das linke und das rechte Prisma passieren, wobei sie
sich gegenseitig beeinflussen könnten. Es bliebe nur der Ausweg,
daß wir dem Elektron, welches das eine Prisma durchsetzt, ein
Wissen um die Möglichkeit des anderen Wegs zubilligten und die
Fähigkeit, sein Verhalten danach einzurichten. Das klingt reich-
lich anthropomorph, ist aber letzten Endes die Folge unserer, der
menschlichen Beobachter Unfähigkeit, zu entscheiden, welchen
Weg das Elektron nun wirklich genommen hat. Die Durch-
führung eines Versuchs, uns darüber Kenntnis zu verschaffen,
scheitert aus einem prinzipiellen Grund: Wollten wir etwa das
Elektron zwingen, seinen Weg zu verraten, etwa durch Vor-
schalten einer photographischen Platte vor eines der beiden
Prismen, auf der es sich durch Schwärzung markierte, dann haben
wir die Anordnung in entscheidender Weise abgeändert: Das
Elektron nämlich, das die Platte schwärzte, wurde in der Brom-
silber-Schicht derselben absorbiert und fällt für den weiteren
Durchgang aus. Die Platte wirkt also als Blende und für den
Strahlendurchtritt bleibt nur der eine, unbewehrte Weg offen,
d. h. aber, eine Interferenzerscheinung ist dann überhaupt nicht
mehr zu erwarten. Die Konsequenz, die wir aus unserem Un-
vermögen, ein Elektron bei diesem Versuch zu lokalisieren, zu
ziehen haben, ist folgende: Unter Verzicht auf einen Eingriff in
das Experiment beschränken wir uns auf Wahrscheinlichkeits-
aussagen, etwa derart, daß wir feststellen: 50% ist die Wahrscheinlichkeit, daß ein Elektron das eine Prisma durchsetzt, 50%
aber auch, daß es den Weg über das andere nimmt. Wenn wir
bedenken, daß die Wellentheorie zur Erklärung der Interferenz-

erscheinung eine gleich große Wellenintensität vor jedem der beiden Prismen voraussetzt, läßt sich von hier aus eine Brücke zur statistischen Auffassung schlagen, indem wir die Intensität der Welle gleichsetzen mit der Wahrscheinlichkeit, ein Teilchen an der betreffenden Stelle vorzufinden. Diese von M. BORN stammende statistische Interpretation der Wellenmechanik bedeutet einen gewaltigen Einbruch in die uns vertraute Vorstellungswelt. Man stelle sich vor: Ein Elektron ist nicht mehr ein definiertes Partikelchen, welches im Atom auf einer definierten Bahn kreist, sondern zerfließt zu einer mehr oder weniger ausgedehnten „Elektronenwolke". So etwa wären die hellen Stellen in der Abb. 87 nach BORN zu deuten. Die dort eingetragene Lage der Bohrschen Kreisbahn (mit $n = 2$) ist keineswegs mehr der einzige geometrische Ort, wo sich ein Elektron aufhalten kann, zwar sind in dieser Gegend mit hoher Wahrscheinlichkeit Elektronen anzutreffen, jedoch auch in unmittelbarer Kernnähe findet sich etwa für den s-Zustand eine ganz erhebliche „Elektronendichte".

Die Konsequenzen, welche sich für den Physiker aus der Aufstellung der Wellenmechanik ergaben, waren anfangs für ihn — dem Leser zum Trost sei dies gesagt! — von ungeheuerlichen Schwierigkeiten begleitet. Besonders einschneidend erschien die Tatsache, daß das Kausalgesetz, d. h. der unverrückbare Zusammenhang zwischen Ursache und Wirkung, das eherne Gesetz, auf das die ganze Natur gegründet schien, hinfällig wurde, sobald man die Welt des Atoms betrat und einer unverbindlicheren Wahrscheinlichkeitsaussage Platz machen mußte. Für den, der in der makroskopischen Welt beheimatet ist und dort seine Versuche ausführt, mag das weniger beunruhigend sein, denn die Summe aller atomaren Ereignisse, aus denen sich ein makroskopisches Experiment zusammensetzt, liefert ein Durchschnittsverhalten, welches für jeden gleichartig durchgeführten Versuch gleich ausfällt und somit als „Gesetz" anerkannt werden muß.

Man hat der Wellenmechanik gelegentlich vorgeworfen, sie sei unanschaulich und daher kein getreues Abbild der Wirklichkeit. Wenn wir zu diesem Vorwurf Stellung nehmen, müssen wir uns die prinzipielle Frage vorlegen: Was ist die Wirklichkeit, die objektive Welt an sich und wie können wir sie erfassen? Es wäre vermessen zu behaupten, das Ergebnis unserer Forschungen wäre die Wirklichkeit an sich. Die physikalische Methode zur Erfassung der Wirklichkeit ist die, daß wir uns Bilder von der Wirklichkeit machen, welche unserem Denken angemessen sind. Diese Methode hat H. HERTZ (1857—1894) in schöner Weise beschrieben, indem er forderte, es sollten die denknotwendigen Folgen dieser Bilder die naturnotwendigen Folgen der abgebildeten Gegenstände sein. Als NEWTON der berühmte Apfel auf den Kopf fiel, ersann er das Bild der Kraft, die den Apfel zum Erdmittelpunkt hinzieht. Das Bild war von wahrhaft universaler Bedeutung: Dieselbe Kraft bestimmte die Bahn der Planeten um die Sonne. Die von NEWTON begründete klassische Physik kann sich auf Bilder stützen, die stets auf unmittelbare sinnliche Wahrnehmung zurückzuführen sind. Der Beobachter selbst spielt nur eine untergeordnete Rolle, er registriert das Getriebe der Welt, von der er mit Fug und Recht annehmen kann, daß sie unabhängig von ihm existiert. Im Gegensatz dazu ist die Welt des Atoms nicht in dem Sinn „objektivierbar", daß wir den Zustand eines Atoms oder Elektrons in allen Einzelheiten durch Beobachtungen festlegen könnten. Dazu sind die uns zur Verfügung stehenden Reagentien, etwa das Licht viel zu grob und durch den Akt der Beobachtung wird das atomare Geschehen in unkontrollierbarer Weise beeinflußt. Infolgedessen müssen Bilder, die der Sinneswelt entnommen sind, unzureichend sein zur Beschreibung der Atomwelt. Das ist der eigentliche Grund, warum der abstrakte mathematische Formalismus der Wellenmechanik — W. HEISENBERG, M. BORN und P. JORDAN haben ihr in Gestalt der sogenannten Quantenmechanik einen gleichwertigen zur Seite gestellt — wesentlich mehr zu leisten vermag. Aus der Anschauung entnommene Begriffe können nicht das gesamte atomare Geschehen beschreiben. Es gibt aber eine Betrachtungsweise, von der sich sagen läßt, sie vermittle zwischen der Welt des Makro-Kosmos und der Welt der atomaren Dimensionen. Sie stammt von W. HEISENBERG.

2. Ungenauigkeitsbeziehung von W. Heisenberg

Wir haben gesehen, daß zwei Modellvorstellungen für Materie und Strahlung seit alters in der Physik miteinander wetteifern, die Wellenvorstellung und die Korpuskelvorstellung. Wir haben durch Beschreibung zahlreicher einschlägiger Versuche gezeigt, daß man sich für keine dieser Vorstellungen eindeutig entscheiden kann: Es besteht der Gegensatz: Lichtwellen — Lichtquanten, Materiewellen — Materiequanten. Die beiden Vorstellungen sind in eigentümlicher Weise miteinander verkoppelt durch die Gleichungen 1—4 der Seite 133. Die Größe h, das Wirkungsquantum, ist die vermittelnde Größe. Das findet einen besonders eindrucksvollen Ausdruck in der sog. Ungenauigkeitsrelation von W. HEISENBERG.

Wir bezeichnen mit x die Lagekoordinate und mit Δx die „Ungenauigkeit" ihrer Angabe. Mit p sei der Impuls in der Richtung x, also das Produkt aus Masse und Geschwindigkeit $m \cdot v$ in dieser Richtung bezeichnet. Δp sei analog die „Ungenauigkeit" der Impulsangabe und Δv die „Ungenauigkeit" der Geschwindigkeitsangabe. Dann gilt nach HEISENBERG:

$$\Delta x \cdot \Delta p \geqq h , \tag{1}$$

wobei $\geqq$ „größer oder der Größenordnung nach gleich" bedeuten soll. Man kann das auch schreiben:

$$\Delta x \cdot \Delta v \geqq \frac{h}{m} , \tag{2}$$

Wir begründen (1) folgendermaßen:
Das linke Produkt hat die „Dimension" Energie mal Zeit, die Dimension einer Größe also, die man als Wirkung bezeichnet. Die gleiche Dimension hat natürlich die Größe h. Da h die kleinste denkbare Wirkung ist, nämlich $h = 6,6 \cdot 10^{-27}$ Erg. sec, so kann das links stehende Produkt in (1) oder (2) nur größer, mindestens aber der Größenordnung nach ebenso groß sein wie h. Je genauer x angegeben wird, je kleiner also Δx wird, um so größer wird Δp oder Δv, um so größer also der Fehler im Impuls bzw. in der Geschwindigkeit und umgekehrt. Analoges gilt für das Produkt der Unbestimmtheit von Energie E und Zeit t. Demnach:

$$\Delta E \cdot \Delta t \geqq h \tag{3}$$

Auf dem Gebiet der Makrophysik bemerkt man praktisch nichts von dieser Einschränkung in der gleichzeitigen Kenntnis von Ort und Impuls oder Energie und Zeit. Denn, nehmen wir einmal an, wir hätten es mit einer doch schon recht kleinen Masse von nur 10^{-7} g zu tun und schreiben wir statt p wieder mv, so ergibt sich größenordnungsmäßig:

$$\Delta x \cdot \Delta v \geqq \frac{10^{-27}}{10^{-7}} = 10^{-20} \frac{\text{cm}^2}{\text{sec}}$$

oder für Δx und Δv bei etwa gleicher Größe beider:

$$\Delta x = 10^{-10} \text{ cm}, \quad \Delta v = 10^{-10} \frac{\text{cm}}{\text{sec}},$$

also eine Ungenauigkeit von nur $10^{-8}\%$! Für noch größere Massen wird die Ungenauigkeit noch kleiner.

Anders, wenn es sich um eine Masse von der Größe sagen wir eines Elektrons, also 10^{-27} g handelt. Dann wird $\frac{h}{m}$ von der Größenordnung 6. Ist die Geschwindigkeit des Elektrons im Wasserstoffatom $2 \cdot 10^8$ cm/sec mit einer Ungenauigkeit von $1\,^0/_{00}$ behaftet, d. h. $\Delta v = 2 \cdot 10^5$ cm/sec, so ist die Ungenauigkeit der Lagekoordinate mindestens:

$$\Delta x = \frac{6,6 \cdot 10^{-27}}{10^{-27} \cdot 2 \cdot 10^5} = 3,3 \cdot 10^{-5} \text{ cm}.$$

Da der Atomradius etwa 10^{-8} cm ist, liegt die Unsicherheit, wo sich das Elektron eigentlich befindet, in einem Bereich, dessen Durchmesser den Atomdurchmesser um das Tausendfache übersteigt! Man weiß dann also gar nicht, ob das Elektron überhaupt noch im Atom ist. Die Geschwindigkeit müßte schon mit einer Ungenauigkeit von 100% behaftet sein, wenn man für den Ort des Elektrons nur eine Unsicherheit von 10^{-8} cm verlangte. Das Elektron läge dann wenigstens im Atombereich, aber die Ladung des Elektrons ist dann immer noch gleichsam über das ganze Atomvolumen „verschmiert", ein Ergebnis, dem wir schon einmal begegnet sind. Es ist also nicht möglich, derartig genaue Angaben über Ort und Geschwindigkeit des Elektrons zu machen, wie es in der Bohrschen Theorie geschieht. Die Ungenauigkeitsrelation hat als heuristisches Prinzip zahlreiche Anwendungen gefunden. Der Indeterminismus im atomaren Geschehen hängt unmittelbar mit ihr zusammen. Wenn nämlich die Kenntnis eines Zustandes gründsätzlich mit einer Ungenauigkeit behaftet ist, so lassen sich die darauffolgenden Zustände auch nur mit Unsicherheit voraussagen.

Anhang

Spektren des Wasserstoffatoms, Atommodell von Bohr

BOHR nahm an, daß für das sog. „Impulsmoment" des kreisenden Elektrons im Atom, das ist das Produkt aus Masse, Geschwindigkeit und Bahnradius, die folgende Beziehung gilt:

$$mv\,r_n = \frac{n\,h}{2\,\pi} \qquad n = 1, 2, 3, \dots \tag{1}$$

Dadurch sind Bahnen mit bestimmten Radien ausgewählt, in denen das Elektron strahlungslos und deshalb stabil kreisen soll. DE BROGLIE hat später diesen Ausdruck folgendermaßen begründet: Das Elektron bewegt sich stabil um den Kern, wenn die Wellenlänge der zugehörigen Materiewelle im Umfang der Kreisbahn n mal enthalten ist. Es vermögen sich dann stehende Wellen zu bilden (Abb. 86). Wenn das Elektron als stehende Welle zeitlich unveränderlich ist, entfällt die Notwendigkeit der Strahlung. Es gilt dann:

$$2\,\pi\,r_n = n\lambda_m = \frac{n\,h}{m\,v},$$

was mit (1) übereinstimmt.

Die weitere Überlegung von BOHR lautet folgendermaßen: Die Zentrifugalkraft $\dfrac{m\,v^2}{r}$ muß gleich sein der Coulombschen Anziehungskraft $\dfrac{e^2}{r^2}$ zwischen Kern und Elektron mit je der Ladung e. Das gibt:

$$\frac{m\,v^2}{r} = \frac{e^2}{r^2}. \tag{2}$$

Aus (1) folgt:

$$v^2 = \frac{n^2\,h^2}{4\,\pi^2 m^2 r_n^2} \tag{3}$$

Setzt man dies in (2) ein, so folgt:

$$r_n = n^2\,\frac{h^2}{4\,\pi^2 e^2 m}. \tag{4}$$

Die stabile Bahn mit dem kleinsten Radius r_1, für den $n = 1$ ist, ist:

$$r_1 = \frac{h^2}{4\,\pi^2 e^2 m} = 0{,}529 \cdot 10^{-8}\ \text{cm} \tag{5}$$

durch Einsetzen der Zahlenwerte linker Hand.

Dies ist die erwartete Größe für das Atom. Aus (2) folgt für die kinetische Energie:

$$\frac{m\,v^2}{2} = \frac{e^2}{2\,r}. \tag{6}$$

Die potentielle Energie ist $-\dfrac{e^2}{r}$, die ganze Energie für die n^{te} Kreisbahn daher gleich der Summe der beiden Energien:

$$E = \frac{e^2}{2\,r_n} - \frac{e^2}{r_n} = -\frac{e^2}{2\,r_n} = \frac{-\,2\,\pi^2\,m\,e^4}{n^2\,h^2}. \tag{7}$$

Das negative Zeichen rührt von der Festsetzung her, daß im Unendlichen die Energie gleich Null sein soll. Im kleineren Abstand muß sie kleiner, also negativ sein.

Die Bohrsche Frequenzbedingung lautet:

$$E_a - E_e = h\,\nu \tag{8}$$

In Worten: Beim Übergang des Elektrons aus einer größeren Anfangsbahn in eine kleinere Endbahn wird ein Lichtquant vom Betrag $h\,\nu$ ausgestrahlt. Einsetzen von (7) in (8) gibt die Frequenz der Linienserie:

$$\nu = \frac{2\,\pi^2\,m\,e^4}{h^2}\left(\frac{1}{n_e^2} - \frac{1}{n_a^2}\right) \tag{9}$$

oder für die Wellenzahlen:

$$\tilde{\nu} = \frac{1}{\lambda} = \frac{2\,\pi^2\,m\,e^4}{h^3\,c}\left(\frac{1}{n_e^2} - \frac{1}{n_a^2}\right). \tag{10}$$

Für $n_a = \infty$ bekommt man $\lambda = \dfrac{c\,h^3}{2\,\pi^2\,m\,e^4}$ als die Wellenlänge der Seriengrenze. $\dfrac{2\,\pi^2\,m\,e^4}{c\,h^3}$ ist die Rydberg-Wellenzahl auch Rydberg-konstante genannt. Ihr Wert ist: $1{,}09737 \cdot 10^5\ \mathrm{cm}^{-1}$.

Namen- und Sachverzeichnis